# BIBLIOTHECA

## SCRIPTORVM GRAECORVM ET ROMANORVM

# TEVBNERIANA

# EVHEMERI MESSENII
# RELIQVIAE

EDIDIT

MARCVS WINIARCZYK

STVTGARDIAE ET LIPSIAE
IN AEDIBVS B. G. TEVBNERI MCMXCI

CIP-Titelaufnahme der Deutschen Bibliothek

**Euhemerus:**
[Reliquiae]
Euhemeri Messenii reliquiae / ed. Marcus Winiarczyk. – 1.
Aufl. – Stutgardiae ; Lipsiae : Teubner, 1991
  (Bibliotheca scriptorum Graecorum et Romanorum Teubneriana)
  ISBN 3-8154-1957-3
NE: Winiarczyk, Marek [Hrsg.]

© B. G. Teubner Verlagsgesellschaft mbH, Stuttgart · Leipzig 1991

Printed in Germany
Satz und Druck: INTERDRUCK Leipzig GmbH

# PRAEFATIO

Centum annis ante Euhemeri reliquias magna cum diligentia collegit Geyza Némethy. editionem illam prolegomenis et adnotationibus criticis instructam a viris doctis grato animo acceptam esse constat.[1]) monendum tamen est Geyzam Némethy multorum testimoniorum ignarum fuisse[2]) et eius editionem temporis decursu obsoletam factam esse. Felix Jacoby dumtaxat testimonia et fragmenta Euhemeri selecta in Fragmentis Historicorum Graecorum collocavit.[3]) omnes Euhemeri reliquias colligere sibi proposuit Ioanna Vallauri, sed nonnulla eam effugerunt. praeterea eius editio recto testimoniorum et fragmentorum ordine caret et insufficienti commentario critico instruitur.[4])

Rebus sic stantibus operae pretium esse mihi videtur Euhemeri reliquias denuo edere et amplis adnotationibus exegeticis exornare. in hac editione testimonia a fragmentis non secernuntur, quod mea sententia genuina illius auctoris verba non sunt nobis tradita.[5]) fragmentis Euhemereis adnumerari solent duo excerpta apud Diodorum Siculum asservata (Bibl. hist. V 41–46, VI 1 = Eus. Praep. ev. II 2, 52–62[6])) et loci in Divinis institutionibus Lactantii occurren-

---

1) G. Némethy, Euhemeri reliquiae, collegit, prolegomenis et adnotationibus instruxit, Budapest 1889. vide J. Ganß, WKlPh 7, 1890, 99; A. Breysig, BPhW 11, 1891, 421–426; H. Diels, DLZ 13, 1892, 400.

2) Vir ille doctus praeparabat novam Euhemeri editionem. vide G. Némethy, Addenda reliquiis Euhemeri, Egyetemes Philologiai Közlöny 17, 1893, 1–14; De vestigiis doctrinae Euhemereae in Oraculis Sibyllinis, EPhK 21, 1897, 1–6; Quaestiunculae Euhemereae, EPhK 24, 1900, 125–128.

3) FGrHist I A, Berlin 1923, 300–313; Leiden 1957², 300–313. 20*. 36*. 41*.

4) G. Vallauri, Evemero di Messene. Testimonianze e frammenti con introduzione e commento, Torino 1956. vide K. Thraede, Euhemerismus, RAC VI (1966) 878: „G. Vallauris Ausgabe … reicht nicht aus".

5) Cf. A. O. Lovejoy – G. Boas, Primitivism and Related Ideas in Antiquity, Baltimore 1935, 55: „of Euhemerus we have no original fragments"; E. Bignone, Storia della letteratura latina, I, Firenze 1946², 305: „Dell'Evemero di Ennio … la maggior parte dei frammenti, o per meglio dire delle testimonianze, ci sono conservati da Lattanzio"; P. Magno, Quinto Ennio, Fasano di Puglia 1979, 207: „non è rimasto alcun frammento di tale opera".

6) Quomodo Eusebius Diodori libro usus sit, explicare studet G. Bounoure, Eusèbe citateur de Diodore, REG 95, 1982, 433–439.

tes, qui ex Ennii versione originem ducunt. at Euhemeri librum a
Diodoro non ad verbum exscriptum esse, sed in angustum coactum
multi viri docti putant.[7]) etiam Ennius non ad verbum Euhemeri
opus in linguam Latinam transtulit, quia nonnulla ab eo mutata sunt
vel addita.[8]) praeterea non est nobis notum, cui Lactantius excerpta
versionis Ennianae debeat.[9])

In testimoniis colligendis et digerendis hoc mihi proposui, ut nul-
lus locus neglegeretur, quamvis parvi momenti esse videretur. respi-
ciuntur etiam testimonia dubia et falsa, i. e. ea, quae nonnulli viri
docti probabili aut falso modo ad Euhemerum referebant.

Inter omnes constat fieri non posse, ut, qui fragmenta colligenda
susceperit, horum omnium textum suo Marte constituat. quare textum e recentissimis optimisque editionibus generaliter desumpsi. in
apparatu critico, qui graviores tantum codicum varietates exhibet, in-
struendo non solum editionibus, quae in conspectu editionum sunt
allatae, usus sum, sed etiam varias lectiones ex aliis fontibus petitas
addidi.

De Euhemeri placitis nec non de origine et progressu euhemerismi
alio loco fusius agere est mihi in animo.

Wratislaviae, mense Februario A.R.S.MCMLXXXIX   M.Winiarczyk

---

7) Vide e. g. Némethy, Addenda 5; P. J. M. van Gils, Quaestiones Euhemereae,
Diss. Amsterdam, Kerkrade-Heerlen 1902, 95; F.Jacoby, Euemeros, RE VI (1907) 958;
R.Pöhlmann, Geschichte der sozialen Frage und des Sozialismus in der antiken Welt,
II, München 1925³, 259; H. F. van der Meer, Euhemerus van Messene, Diss. Amster-
dam 1949, 41 sq.; Thraede l. c.; G. Garbarino, Roma e la filosofia greca dalle origini alla
fine del II secolo a. C., II, Torino 1973, 293. vide etiam J. M. Bigwood, Diodorus and
Ctesias, Phoenix 34, 1980, 207.

8) Vide e. g. Némethy, Euhemeri reliquiae 25 sq.; Jacoby 956; A. Kappelmacher,
Die Literatur der Römer bis zur Karolingerzeit, Potsdam 1926, 93; J. Albrecht, Saturnus. Seine Gestalt in Sage und Kult, Diss. Halle 1943, 44 adn. 5: „keine knechtisch ge-
naue Übersetzung des Originals".

9) De scribendi genere et fatis versionis Ennianae fusius agam in commentatione
q. i. „Euhemerus sive Sacra historia" des Ennius. in Lactantii opere nonnulli studebant
secernere fragmenta a testimoniis, sed demonstrant tantum, qui loci a Lactantio ad
verbum exscripti sint (H.Krug, Der Stil im Euhemerus des Ennius, Diss. Breslau 1944;
Zum Text von Ennius' Euhemerus, Forschungen und Fortschritte 24, 1948, 57–59;
E. Laughton, The Prose of Ennius, Eranos 49, 1951, 35–49; E. Fraenkel, Additional
Note on the Prose of Ennius, Eranos 49, 1951, 50–56). neglegentia tamen praetermit-
tunt quaestionem, quo ex fonte Lactantius hauserit. vide etiam quae in app. ad T 10 et
83 attuli.

# CONSPECTVS AVCTORVM EDITIONVMQVE

e quibus testimonia afferuntur

(codicum eorum tantum mentio fit, qui in apparatu laudantur)

AELIANVS Varia historia, ed. M. R. Dilts, Leipzig 1974
V   = Parisinus suppl. gr. 352, s. XIII
a   = Parisinus 1693, s. XV
b   = Parisinus 1694, s. XVI
g   = Ambrosianus C 4 sup. (gr. 164), s. XV
AMPELIVS Liber memorialis, ed. E. Assmann, Lipsiae 1935 (Stuttgart 1976)
–, ed. V. Colonna, Bari 1975
M   = Monacensis 10383 a, s. XVII
ANONYMVS Brevis expositio Vergilii Georgicorum, ed. H. Hagen, Lipsiae 1902,
191–320 (Servii Grammatici qui feruntur in Vergilii carmina commentarii, vol. III,
fasc. 2: Appendix Serviana)
APOLLINARIS SIDONIVS → SIDONIVS APOLLINARIS
APVLEIVS De mundo, ed. P. Thomas, Lipsiae 1921 (Stuttgart 1970) (Opera quae super-
sunt, vol. III)
–, ed. J. Beaujeu, Paris 1973
B   = Bruxellensis 10054, s. XI
ARNOBIVS Adversus nationes, ed. A. Reifferscheid, Vindobonae 1875 (CSEL 4)
–, ed. C. Marchesi, Augustae Taurinorum 1953² (Corpus Scriptorum Latinorum Pa-
ravianum)
P   = Parisinus 1661, s. IX
ATHENAEVS Dipnosophistae, ed. G. Kaibel, vol. III, Lipsiae 1890 (Stuttgart 1966)
–, ed. Ch. B. Gulick, vol. VI, London – Cambridge, Mass. 1959
A   = Venetus Marcianus 447, s. X
AVGVSTINVS De civitate Dei libri I–X, ad fidem quartae editionis Teubnerianae quam
a. 1928–29 curaverunt B. Dombart – A. Kalb paucis emendatis mutatis additis,
Turnholti 1955 (Opera XIV 1) (CCL 47)
B   = Bernensis 12–13, s. XI
C   = Corbeiensis, Parisiensis 12214 + Petropolitanus Q. v. I, N° 4, s. VI
K   = Coloniensis 75 (Darmstadt. 2077), s. VIII
a   = Parisiensis 2050, s. X
d   = Parisiensis 2053, s. X
e   = Parisiensis 11638, s. X
l   = Lugdunensis 606, s. IX
v   = ed. Parisina a. 1838
AVGVSTINVS De consensu evangelistarum, ed. F. Weihrich, Vindobonae – Lipsiae 1904
(Opera sectio III pars 4) (CSEL 43)
A   = Augiensis XCVIII, s. IX

**B** = Lugdunensis 478, s. VI
**C** = Corbeiensis Parisinus 12190, s. VIII
**D** = Colbertinus Parisinus 1954, s. XI
**E** = Fiscannensis Rotomagensis 465 (1217), s. IX
**F** = Fossatensis Parisinus 12191, s. X
**H** = Palatinus Vaticanus 195, s. IX
**L** = Laudunensis 97, s. IX
**N** = Cluniacensis Parisinus 1442 nouv. acq., s. X
**O** = Floriacensis Aurelianensis 156, s. X
**P** = Salisburgensis a IX 13, s. IX
**R** = Basileensis B VII 7, s. X
**T** = Trecensis 813, s. IX–X
γ = Rotomagensis 466, s. XII
ω = Vaticanus 463, s. XV
e = ed. Erasmiana a. 1528
g = ed. Laugingensis a. 1473
p = ed. princeps s. a. et l.
r = ed. Lugudunensis a. 1497

AVGVSTINVS Epistulae, ed. A. Goldbacher, pars 1, Pragae – Vindobonae – Lipsiae 1895
(Opera sectio II pars 1) (CSEL 34)
**A** = Audomaropolitanus 76, 8, 9, s. X–XI
**E** = Ashburnhamensis 75, s. IX–X
**H** = Palatinus 211, s. X
**M** = Monacensis 6266, s. X
**R** = Mus. Brit. Reg. 5 D VI, s. XI–XII
a = ed. Amerbachiana, Basileae 1493
e = Erasmi ed. Frobeniana, Basileae 1528
f = ed. Frobeniana altera, Basileae 1569
l = ed. theologorum Lovaniensium, Parisiis 1649
m = ed. Maurina, Antwerpiae 1700[2]
r = ed. Reinharti, Francofurti 1668

CALLIMACHVS Hymni, ed. R. Pfeiffer, Oxonii 1953 (1965)
–, ed. G. R. McLennan, Roma 1977 (Testi e commenti 2)
CALLIMACHVS Iambi, ed. R. Pfeiffer, Oxonii 1949 (1965)
–, ed. C. M. Dawson, Yale Classical Studies 11, 1950, 1–168
Pap. = POxy 1363, ca. s. II p. Chr. n.
CASSIODORVS Variae, ed. Å. J. Fridh, Turnholti 1973 (CCL 96)
–, ed. Th. Mommsen, Berolini 1894 (MGH AA 12)
**E** = Laurentianus 16, 11, s. XIV
**F** = Laurentianus 45, 11, s. XIV
**K** = Laurentianus 89 sup. 23, s. XIII
CHARISIVS Ars grammatica, ed. C. Barwick, editio stereotypa correctior editionis prioris,
addenda et corrigenda collegit et adiecit F. Kühnert, Lipsiae 1964
CICERO De natura deorum, edd. O. Plasberg – W. Ax, Lipsiae 1933 (Stuttgart 1987)
(Scripta quae manserunt omnia, fasc. 45)
–, l. I ed. A. S. Pease, Cambridge, Mass. 1955 (Darmstadt 1968 et New York 1979)
–, l. I ed. M. van den Bruwaene, Bruxelles 1970 (Collection Latomus 107)
**A** = Vossianus 84, s. IX/X

# CONSPECTVS AVCTORVM

**B** = Vossianus 86, s. X
**F** = Florentinus Marcianus 257, s. X
**G** = Burneianus 148, s. XIII
**H** = Heinsianus 118, s. XI
**M** = Monacensis 528, s. XI
**N** = Parisinus 17812, s. XII
**O** = Oxoniensis Mertonianus 311, s. XII ex.

CLAVDIANVS Carmina, ed. J. B. Hall, Leipzig 1985

$C_1$ = Cantabrigiensis coll. Corp. Christi 228, s. XIII
**F** = Laurentianus Acq. e Doni 672, s. XII/XIII
$F_2$ = Laurentianus S. Marci 250, s. XII/XIII
$J_3$ = Leidensis 294, s. XIII
**L** = Londiniensis Burney 167, s. XIII
**P** = Parisinus 18552, s. XII/XIII
$P_2$ = Parisinus 8082, s. XIII
**R** = Vaticanus 2809 (pars prima), s. XII
$W_1$ = Guelferbytanus Gudianus 220, s. XIII
$n_1$ = Neapolitanus bibl. nat. IV E 47, s. XII/XIII
Exc. Gyr. = Excerpta Gyraldina in exemplar editionis Aldinae quod nunc Leidae servatur non ante a. 1523 relata sunt

CLEMENS ALEXANDRINVS Protrepticus, hrsg. von O. Stählin, 3. durchges. Aufl. von U. Treu, Berlin 1972 (GCS 12)

**M** = Mutinensis III D 7, s. X vel XI
**P** = Parisinus 451, a. 914

COLVMELLA Res rustica, ed. Å. Josephson, Upsaliae 1955 (Collectio scriptorum veterum Upsaliensis)

–, ed. E. S. Forster – E. H. Heffner, vol. II, Cambridge, Mass. – London 1954

**A** = Ambrosianus L 85 sup., s. IX
**S** = Sangermanensis, Leninopolitanus Clas. Lat. F v 1, s. IX
**R** = recentiores s. XV vel omnes vel omnes praeter citatos
**a** = Laurentianus 53, 32
**c** = Caesenas Malatestinus 24, 2
**d** = Laurentianus Conv. Soppr. 285
**g** = Vallicellianus E 39
**i** = Vaticanus Ottob. 2059
**j** = Mus. Brit. Add. 17295
**l** = Lipsiensis Bibl. comm. Rep. I f. 13
**m** = Venetus Marcianus 462
**n** = Vaticanus Ottob. 1567
**o** = Vaticanus Ottob. 1700
**p** = Laurentianus 53, 27
**q** = Laurentianus 91 inf. 6
**s** = Laurentianus Strozz. 69
**u** = Vaticanus Urbinas 260
**v** = Vaticanus 1526
**w** = Vaticanus 1524
**x** = Gotoburgensis 28
**z** = Vindobonensis 33
**ä** = Parisinus 6380 A

ü = Parisinus 6380 C
ϙ = Oxoniensis Bodleianus Canon. Lat. Class. 305
ω = consensus codicum **m**, **o**, **s**

Dɪᴄᴠɪʟ De mensura orbis terrae, edd. J.J.Tierney – L.Bieler, Dublin 1967 (Scriptores Latini Hiberniae 6)
–, ed. G.Parthey, Berolini 1870
Dɪᴏᴅᴏʀᴠs Sɪᴄᴠʟᴠs Bibliotheca historica, ed. F. Vogel, vol. II, Lipsiae 1890 (Stuttgart 1985)
  **A** = Coislinianus 149, s. XV
  **B** = Mutinensis III F. 7, s. XV
  **C** = Vaticanus, s. XII
  **D** = Vindobonensis 79, s. XI
  **E** = Parisinus 1659, s. XVI
  **F** = Laurentianus 70, 12, s. XIV
  **G** = Claromontanus, s. XVI
  **L** = Parisinus 1662, s. XV
  **P** = Patmius monast. S. Ioh. Theol., s. X vel XI
  v. = vulgaris lectio omnium codicum praeter **P**
Dɪᴏɢᴇɴɪᴀɴᴠs Proverbia, ed. E.Leutsch, in: Corpus Paroemiographorum Graecorum, II, Gottingae 1839 (Hildesheim 1958)

Eᴛʏᴍᴏʟᴏɢɪᴄᴠᴍ Mᴀɢɴᴠᴍ ed. Th.Gaisford, Oxonii 1848 (Amsterdam 1962)
Eᴠsᴇʙɪᴠs Praeparatio evangelica, hrsg. von K. Mras, 2. bearb. Aufl. hrsg. von É. Des Places, Berlin 1982–1983 (Eusebius Werke VIII 1–2) (GCS 43, 1–2)
  **A** = Parisinus 451, a. 914
  **B** = Parisinus 465, s. XIII
  **D** = Parisinus 467, s. XVI
  **G** = Laurentianus VI 9, a. 1344
  **H** = Marcianus 343, s. XI
  **N** = Neapolitanus II A 16, s. XV
  **O** = Bononiensis 3643, s. XIII ex.
  **V** = Batopedianus 180, s. XIV in.
Eᴠsᴛᴀᴛʜɪᴠs Commentarii ad Homeri Odysseam, ad fidem exempli Romani ed. G.Stallbaum, Lipsiae 1825 (Hildesheim 1960)

Fᴇsᴛᴠs De verborum significatu quae supersunt cum Pauli epitome, ed. W.M.Lindsay, Lipsiae 1933 (Hildesheim 1965)
Fɪʀᴍɪᴄᴠs Mᴀᴛᴇʀɴᴠs De errore profanarum religionum, ed. K. Ziegler, Lipsiae 1907 (München 1953)
  –, ed. A.Pastorino, Firenze 1956 (1969) (Biblioteca di Studi Superiori 27)
  –, ed. R.Turcan, Paris 1982
  **P** = Vaticanus Palatinus 165, s. IX–X

Ps.-Gᴀʟᴇɴᴠs Historia philosopha, ed. H. Diels, Doxographi Graeci, Berolini 1879 (1965⁴), 595–648
  **A** = Laurentianus 74, 3, s. XII
  **B** = Laurentianus 58, 2, s. XV
  **N** = Nicolai Regini versio Latina ad cc. 1–55 excerpta, a. 1341

CONSPECTVS AVCTORVM

HYGINVS De astronomia, ed. A. Le Bœuffle, Paris 1983
A = Ambrosianus M 12 sup., s. IX
B = Bruxellensis 10078–79, s. XII in.
D = Dresdensis Dc 183, s. IX vel X in.
E = Elnonensis 337 (ex 325), s. IX
L = Leidensis Vossianus Q. 92, s. XIII
N = Monacensis 13084, s. IX vel X in.
O = Parisinus 8728, s. X
P = Parisinus 8663, s. XI
R = Reginensis 1260, s. IX
U = Harleianus 2506, s. XI
W = Aberystiviensis 735 C, s. XI
Z = Parisinus 11127, s. X
HYGINVS Fabulae, ed. H. J. Rose, Lugduni Batavorum 1963[2]
F = ed. Micylliana, Basileae 1535

IOSEPHVS FLAVIVS Contra Apionem, ed. B. Niese, Berolini 1889 (1955) (Opera vol. V)
L = Laurentianus 69, 22, s. XI
IOSEPHVS FLAVIVS Opera ex versione Latina antiqua, ed. C. Boysen, pars VI, Pragae – Vindobonae – Lipsiae 1898 (CSEL 37)
B = Bodleianus Canonicianus 148, a. 1145
C = Cheltenhamensis Philippicus 12311, s. XIII
L = Laurentianus 66, 2, s. XI
P = Parisinus 1615, s. XIV
R = Parisinus 5049, s. XIII
e = ed. pr. Veronensis a. 1480

LACTANTIVS De ave Phoenice, ed. S. Brandt, Pragae – Vindobonae – Lipsiae 1893 (Opera pars II fasc. 1) (CSEL 27)
–, ed. A. Knappitsch, Graz 1896 (Sonderabdruck aus dem Jahresberichte des fürstbischöflichen Gymnasiums am Seckauer Diöcesan-Knabenseminar in Graz)
A = Parisinus 13048, s. VIII–IX
B = Veronensis 163, s. IX
C = Leidensis Vossianus Q. 33, s. X
LACTANTIVS Divinae institutiones, ed. S. Brandt, Pragae – Vindobonae – Lipsiae 1890 (Opera pars I) (CSEL 19)
–, l. I ed. P. Monat, Paris 1986 (SC 326)
B = Bononiensis 701, s. VI–VII
H = Palatino-Vaticanus 161, s. X
M = cod. Montepessulani 241 pars antiqua, s. X
P = Parisinus 1662, s. IX
R = Parisinus 1663, pars antiqua, s. IX
S = Parisinus 1664, pars antiqua, s. XII
V = Valentianensis 140, s. X–XI
LACTANTIVS Epitome divinarum institutionum, ed. S. Brandt, Pragae – Vindobonae – Lipsiae 1890 (CSEL 19)
–, ed. M. Perrin, Paris 1987 (SC 335)
T = Taurinensis I. b. VI. 28, s. VII
LACTANTIVS De ira Dei, ed. S. Brandt, Pragae – Vindobonae – Lipsiae 1893 (CSEL 27)

– edd. H. Kraft – A. Wlosok, Darmstadt 1971[2]
– ed. Ch. Ingremeau, Paris 1982 (SC 289)
B    = Bononiensis 701, s. VI–VII
P    = Parisinus 1662, s. IX
LVCRETIVS De rerum natura, ed. J. Martin, Lipsiae 1969[5]
–, ed. C. Müller, Zürich 1975
LYDVS IOHANNES LAVRENTIVS De mensibus, ed. R. Wuensch, Lipsiae 1898 (Stuttgart 1967)
O    = Caseolinus Parisinus suppl. gr. 257, s. IX vel X
supplementa, nisi aliter annotatur, Hasii sunt; punctorum numerus par est numero litterarum perditarum


MALALAS IOANNES Chronographia, ed. L. Dindorf, Bonnae 1831 (CSHB 37) = PG 97
MELA De chorographia, ed. C. Frick, Lipsiae 1935 (Stuttgart 1968)
–, ed. G. Ranstrand, Göteborg 1971 (Studia Graeca et Latina Gothoburgensia 28)
–, ed. P. Parroni, Roma 1984 (Storia e letteratura. Raccolta di Studi e testi 160)
–, ed. A. Silberman, Paris 1988
A (= V)  = Vaticanus 4929, s. IX vel X
D        = Laurentianus 30, 18, s. XV
L        = Lipsiensis, s. XIV vel XV
Par. 1   = Parisinus 4800, s. XV
Par. 2   = Parisinus 4832, s. XIV
MINVCIVS FELIX Octavius, ed. M. Pellegrino, Torino 1963[2] (Corpus Scriptorum Latinorum Paravianum)
–, ed. J. Beaujeu, Paris 1964
–, ed. B. Kytzler, Leipzig 1982
P    = Parisinus 1661, s. IX


OVIDIVS Metamorphoses, ed. W. S. Anderson, Leipzig 1988[4]
L    = Laurentianus 36, 12, s. XI/XII
M    = Marcianus 225, s. XI ex.
N    = Neapolitanus IV F 3, s. XI/XII
W    = Vaticanus 5859, a. 1275
v    = Vaticanus 1593, s. XII


PLINIVS Naturalis historia, edd. L. Jan – C. Mayhoff, vol. II, Lipsiae 1909 (Stuttgart 1986); vol. V, Lipsiae 1897 (Stuttgart 1986)
–, l. VII ed. R. Schilling, Paris 1977
–, l. X ed. E. de Saint Denis, Paris 1961
–, l. XXXVI ed. J. André, Paris 1981
B    = Bambergensis class. 42, s. X
D    = Vaticanus 3861, s. XI
E    = Parisinus 6795, s. IX–X
F    = Leidensis Lipsii n. VII, s. X (F[2] s. XII)
Ox   = Oxoniensis 274, s. XII
R    = Florentinus Riccardianus, s. X–XI
V    = Leidensis Vossianus F. 42, s. XIV
a    = Vindobonensis 234, s. XII–XIII

**d**  = Parisinus 6797, s. XIII
**e**  = Parisinus 6796 A, s. XIII
**l**  = Arundelianus 98, s. XII
**o**  = excerpta a. R. Crickladensi composita, s. XII
**x**  = Luxemburgensis 138, s. XI–XII
PLVTARCHVS De Iside et Osiride, ed. J. G. Griffiths, Cardiff 1970
–, ed. W. Sieveking (Moralia vol. II fasc. 3), Leipzig 1971[2]
**A**  = Parisinus 1671, a. 1296
**E**  = Parisinus 1672, paulo post a. 1302
**O**  = codices omnes praeter citatos
**m**  = Marcianus 248, s. XV
**v**  = Vindobonensis 46, s. XV
**ε**  = Matritensis 4690, s. XIV
**Ω**  = codices omnes
Ps.-PLVTARCHVS Placita philosophorum, ed. J. Mau (Moralia vol. V fasc. 2 pars 1), Leipzig 1971
POLYBIVS Historiae, editionem a L. Dindorfio curatam retractavit Th. Buettner-Wobst, vol. IV, Lipsiae 1904 (Stuttgart 1985)
POMPONIVS MELA → MELA
Ps.-PROBVS In Vergilii Georgica commentarius, ed. H. Hagen, Lipsiae 1902, 349–387 (Servii Grammatici qui feruntur in Vergilii carmina commentarii, vol. III fasc. 2: Appendix Serviana)

SCHOLIA IN CLEMENTIS ALEXANDRINI PROTREPTICVM ed. O. Stählin, in: Protrepticus und Paedagogus, 3. durchges. Aufl. v. U. Treu, Berlin 1972 (GCS 12)
SCHOLIA IN TZETZIS ALLEGORIAS ILIADIS ed. J. A. Cramer, in: Anecdota Oxoniensia, III, Oxonii 1836 (Amsterdam 1963), 376–384
–, ed. P. Matranga, in: Anecdota Graeca, Romae 1850
SERVIVS In Vergilii Georgica Commentarii, ed. G. Thilo, Lipsiae 1887, 128–360 (In Vergilii Carmina commentarii III 1)
**V**  = Vaticanus 3317, s. X vel XI
SEXTVS EMPIRICVS Adversus dogmaticos libri V (adv. math. VII–XI), ed. H. Mutschmann (Opera vol. II), Lipsiae 1914 (1984[2])
**E**  = Parisinus 1964, s. XV
**L**  = Laurentianus 85, 11, s. XV
**N**  = Laurentianus 85, 19, s. XIII vel XIV
**A**  = Parisinus 1963, s. XVI ⎫
**B**  = Berolin. Phillips. 1518, s. XVI ⎪
**V**  = Venetus Marcianus 262, s. XV ex. ⎬ ς
**R**  = Regimontanus 16 b 12, s. XV ⎭
**G**  = codices omnes
SIDONIVS APOLLINARIS Carmina ed. Ch. Luetjohann, Berolini 1887 (MGH AA 8)
–, ed. A. Loyen, Paris 1960
SOLINVS Collectanea rerum memorabilium, ed. Th. Mommsen, Berolini 1895[2] (Dublin – Zürich 1979[4])
**A**  = Angelomontanus, s. X
**C**  = Casinas 391, s. XI
**M**  = Parisinus 7230, s. X
**P**  = Parisinus 6810, s. X

**R** = Vaticanus 3342, s. X
**S** = Sangallensis 187, s. X
24 = Westermannianus, s. XII
28 = Leidensis publ. 13, s. XIV
70 = Monacensis 4611 sive Benedictoburensis 111, s. XII
71 = Monacensis 5339 sive episcopii Chiemsee 39, s. XV
98 = Oxoniensis 6817, s. XV
142 = Barberinianus VIII 63, s. XV
150 = Marcianus X 115, s. XII
157 = ed. Florentina Iuntina a. 1519
158 = ed. Pictaviana a. 1554
STRABO Geographica, ed. G. Kramer, vol. I–II, Berolini 1844–1847
–, l. I–II ed. F. Sbordone, Romae 1963 (Scriptores Graeci et Latini consilio Academiae Lynceorum editi)
–, l. I–II ed. G. Aujac, Paris 1969
–, l. VII ed. H. L. Jones, London – Cambridge, Mass. 1967
**A** = Parisinus 1397, s. X ex.
**B** = Laurentianus 28, 5, ca. a. 1470
**C** = Parisinus 1393, s. XIII ex.
**W** = Athous Vatopedii 655, s. XIV
**a** = lacunarum cod. A supplementum s. XIII ex. additum
**i** = Scorialensis T-II-7 a, a. 1423
**k** = Laurentianus 28, 40, s. XV ex.
**l** = Marcianus Venetus 377, s. XV
**s** = Parisinus 1408, s. XV ex.
**v** = Ambrosianus G 93 sup. (gr. 418), s. XV ex.
Ald. = ed. Aldina a. 1516


THEODORETVS Graecarum affectionum curatio, ed. I. Raeder, Lipsiae 1904 (Stuttgart 1969)
–, ed. P. Canivet, vol. I–II, Paris 1958 (SC 57)
**C** = Parisinus Coislinianus 250, s. XI
**K** = Vaticanus 2249 (olim Columnensis 88), s. X
**M** = Marcianus 559, s. XII
**S** = Scorialensis X-II-15, s. XI
THEOPHILVS ANTIOCHENVS Ad Autolycum, ed. R. M. Grant, vol. I–II, Oxford 1970 (Oxford Early Christian Texts)
–, ed. G. Bardy, Paris 1948 (SC 20)
TIBVLLVS Carmina, edd. F. W. Lenz – G. C. Galinsky, Lugduni Batavorum 1971[3]
–, ed. G. Luck, Stuttgart 1988
**Q** = Brixianus Quirin. A. VII. 7, s. XV
**c** = Wittianus deperditus s. XV, cont. Broukhusius in mg. edit. Gryph. 1551


VARRO Rerum rusticarum libri tres, ed. G. Goetz, Lipsiae 1929[2]
–, l. I ed. J. Heurgon, Paris 1978
**A** = Parisinus 6842 A, s. XII–XIII in.
**b** = Laurentianus 51, 4, s. XV
**m** = Laurentianus 30, 10, s. XV in.
**v** = ed. pr. (a. 1472) lectiones a Politiano correctae

Vergilivs Culex, ed. W. V. Clausen (Appendix Vergiliana), Oxonii 1966
- **C** = Cantabrigiensis K k v, s. X
- **L** = Iuvenalis Ludi qui dicitur libellus deperditus, cuius tamen imaginem reddunt quinque codices ab eo deducti
  - **W** = Trevirensis 1086, s. IX–X
  - **B** = Bembinus, nunc Vaticanus 3252, s. IX–X
  - **E** = Parisinus 8093, s. X
  - **A** = Parisinus 7927, s. X–XI
  - **T** = Parisinus 8069, s. XI
- **V** = Vaticanus 2759, s. XIII
- **Γ** = Corsinianus 43 F 5, s. XIV

Vergilivs Georgica, ed. W. Richter, München 1957 (Das Wort der Antike 5)
–, ed. R. A. B. Mynors, Oxonii 1972 (Oxford Classical Texts)
–, ed. M. Erren, vol. I, Heidelberg 1985 (Wissenschaftliche Kommentare zu griechischen und lateinischen Schriftstellern)
- **M** = Mediceus Laurentianus 39, 1, s. V

# EDITIONES

(a) testimoniorum Graecorum et Latinorum

Mullach, F. G. A., Fragmenta Philosophorum Graecorum collegit recensuit vertit, annotationibus et prolegomenis illustravit, indicibus instruxit, II, Parisiis 1867 (Aalen 1968), 431–438

Némethy, G., Euhemeri reliquiae, collegit, prolegomenis et adnotationibus instruxit, Budapest 1889 (Értekezések a Nyelv- és széptudományok köréből. Kiadja a Magyar Tud. Akadémia. Az I. Osztály rendeletéből, XIV 11)

Jacoby, F., Die Fragmente der griechischen Historiker. Neudruck vermehrt um Addenda zum Text, Nachträge zum Kommentar, Corrigenda und Konkordanz, I A [1923], Leiden 1957 (1968), 300–313. 20*. 36*. 41*

Vallauri, G., Evemero di Messene. Testimonianze e frammenti con introduzione e commento, Torino 1956 (Università di Torino. Pubblicazioni della Facoltà di Lettere e Filosofia, VIII 3)


(b) testimoniorum Latinorum

Columna, H., Q. Ennii poetae vetustissimi fragmenta quae supersunt ab H. Columna conquisita disposita et explicata (...). Nunc ad editionem Neapolitanam MDXC recusa accurante F. Hesselio (...), Amstelodami 1707, 315–326 ('Evemeri sive Sacrae Historiae soluta oratione conversae fragmenta')

Egger, A. E., Latini sermonis vetustioris reliquiae selectae, Paris 1843, 151–154 ('Evhemeri Sacra historia')

Vahlen, I., Ennianae poesis reliquiae, Lipsiae 1854, 169–174

Ten Brink, B., M. Terentii Varronis locus de urbe Roma. Varronianis accedunt Q. Ennii apologus Aesopicus et reliquiae Euhemeri versibus quadratis, Traiecti ad Rhenum 1855, 19–26

Müller, L., Q. Enni carminum reliquiae. Accedunt Cn. Naevi Belli Poenici quae supersunt. Emendavit et adnotavit, Petropoli 1884, 78–82. 209–210

Baehrens, Ae., Fragmenta poetarum Romanorum collegit et emendavit, Lipsiae 1886, 126–130 ('Euhemerus sive historia sacra')

Müller, L., Euhemerus sive sacra historia, in: Postgate, I.P. (ed.), Corpus Poetarum Latinorum a se aliisque denuo recognitorum et brevi lectionum varietate instructorum, I, Londini 1894, 18–19

Vahlen, I., Ennianae poesis reliquiae, iteratis curis recensuit, Lipsiae 1903 (Lipsiae 1928 et Amsterdam 1963), 223–229

Bolisani, E., Ennio minore, Padova 1935, 104–125. 144–146

Warmington, E.H., Remains of Old Latin, Newly Edited and Translated, I: Ennius and Caecilius, Cambridge, Mass. – London 1935 (1967⁴), 414–430

Scriptorum Romanorum quae extant omnia, III: Quintus Ennius, Venetiis 1964, 102–108

XVI

# EDITIONES

Garbarino, G., Roma e la filosofia greca dalle origini alla fine del II secolo a. C. Raccolta di testi con introduzione e commento, Torino 1973 (Historia, Politica, Philosophica 6), I 133–137 (textus), II 288–308 (commentarius)

Segura Moreno, M., Quinto Ennio, Fragmentos. Texto revisado y traducido, Madrid 1984 (Collección hispánica de autores griegos y latinos publicada por el Consejo Superior de Investigaciones científicas), 146–149 ('Euhemerus')

# CONSPECTVS LIBRORVM

Aalders    Aalders, G.J.D., Political Thought in Hellenistic Times, Amsterdam 1975

Aly     Aly, W., Strabons Geographica, Bd. 4: Strabon von Amaseia. Untersuchungen über Text, Aufbau und Quellen der Geographika, Bonn 1957 (Antiquitas, Reihe 1, Bd. 5)

Attridge-Oden  Attridge, H.W. – Oden, R.A., Philo of Byblos, The Phoenician History. Introduction, Critical Text, Translation, Notes, Washington, D.C. 1981 (The Catholic Biblical Quarterly, Monograph Series 9) (non vidi)

Babut[1]   Babut, D., Plutarque et le stoïcisme, Paris 1969 (Publications de l'Université de Lyon)

Babut[2]   –, La religion des philosophes grecs de Thalès aux Stoïciens, Paris 1974 (Collection SUP. Littératures anciennes 4)

Badawi   Badawi, A., La transmission de la philosophie grecque au monde arabe, Paris 1968 (1987[2]) (Études de philosophie médiévale 56)

Barr    Barr, J., Philo of Byblos and His 'Phoenician History', Bulletin of the John Rylands Library 57, 1974, 17–68

Baumgarten  Baumgarten, A.I., The Phoenician History of Philo of Byblos. A Commentary, Leiden 1981 (EPRO 89)

Baunack   Baunack, J., Hesychstudien, in: Xenia Nicolaitana. Festschrift zur Feier des vierhundertjährigen Bestehens der Nikolaischule zu Leipzig, hrsg. v. O. Dähnhardt, Leipzig 1912, 59–108

v. Beek   Beek, G.W. van, Frankincense and Myrrh in Ancient South Arabia, Journal of the American Oriental Society 78, 1958, 141–151

Beloch   Beloch, K.J., Griechische Geschichte, IV 2, Berlin – Leipzig 1927[2] (Berlin 1967)

Berger   Berger, H., Die geographischen Fragmente des Eratosthenes neu gesammelt, geordnet und besprochen, Leipzig 1880 (Amsterdam 1964)

Bergman   Bergman, J., Ich bin Isis. Studien zum memphitischen Hintergrund der griechischen Isisaretalogien, Uppsala 1968 (Acta Universitatis Upsaliensis, Historia Religionum 3)

Bertelli   Bertelli, L., Il modello della società rurale nell'utopia greca, Il pensiero politico. Rivista di storia delle idee politiche e sociali 9, 1976, 183–208

Bethe   Bethe, E., Die griechische Dichtung, Wildpark – Potsdam 1924–1928 (Handbuch der Literaturwissenschaft 7)

Bichler   Bichler, R., Zur historischen Beurteilung der griechischen Staatsutopie, Grazer Beiträge 11, 1984, 179–206

Bidez   Bidez, J., La cité du monde et la cité du soleil chez les Stoïciens, Paris 1932 (= Bulletin de l'Académie Royale de Belgique, Classe des Lettres, etc. V[e] sér. t. XVIII n[os] 7–9, 244–294)

| | |
|---|---|
| Bidez-Cumont | Bidez, J. – Cumont, F., Les mages hellénisés. Zoroastre, Ostanès et Hystaspe d'après la tradition grecque, I–II, Paris 1938 |
| Birt | Birt, Th., Die Fünfzahl und die Properzchronologie, RhM 70, 1915, 253–314 |
| Blochet | Blochet, E., De l'autonomie de l'évolution de la philosophie grecque, Le Muséon 47, 1934, 123–166. 297–345 |
| Block | Block, R. de, Évhémère, son livre et sa doctrine, Diss. Liège, Mons 1876 |
| Bobeth | Bobeth, W., De indicibus deorum, Diss. Leipzig 1904 |
| Bölte | Bölte, F., Triphylia, RE VII A (1939) 186–201 |
| Bömer[1] | Bömer, F., Untersuchungen über die Religion der Sklaven in Griechenland und Rom, III: Die wichtigsten Kulte der griechischen Welt, Wiesbaden 1961 (Akademie der Wissenschaften und der Literatur Mainz, Abhandlungen der Geistes- und sozialwissenschaftlichen Kl. 1961, 4) |
| Bömer[2] | –, P. Ovidius Naso, Metamorphosen. Kommentar, Buch X–XI, Heidelberg 1980 (Wissenschaftliche Kommentare zu griechischen und lateinischen Schriftstellern) |
| Bömer[3] | –, P. Ovidius Naso, Metamorphosen. Kommentar, Buch XIV–XV, Heidelberg 1986 |
| Bolisani | Bolisani, E., Ennio minore, Padova 1935 |
| Bounoure | Bounoure, G., Eusèbe citateur de Diodore, REG 95, 1982, 433–439 |
| Braunert[1] | Braunert, H., Die heilige Insel des Euhemerus, RhM 108, 1965, 255–268, denuo impr. in: –, Politik, Recht und Gesellschaft in der griechisch-römischen Antike. Gesammelte Aufsätze und Reden, hrsg. v. K. Telschow – M. Zahrnt, Stuttgart 1980 (Kieler Historische Studien 26), 153–164 |
| Braunert[2] | –, Staatstheorie und Staatsrecht im Hellenismus, Saeculum 19, 1968, 47–66, denuo impr. in: Politik, Recht … 165–190 |
| Breysig | Breysig, A., cens. Némethy[1], BPhW 11, 1891, 421–426 |
| v. d. Broek | Broek, R. van den, The Myth of the Phoenix according to Classical and Early Christian Traditions, Leiden 1972 (EPRO 24) |
| Brown[1] | Brown, T. S., Euhemerus and the Historians, HThR 39, 1946, 259–274 |
| Brown[2] | –, Onesicritus. A Study in Hellenistic Historiography, Berkeley – Los Angeles 1949 (University of California Publications in History 39) (denuo impr. New York 1974) |
| Brożek | Brożek, M., Publicystyczna funkcja powieści Euhemerosa i geneza jego „ateizmu" (De Euhemeri consiliis Sacrae Scriptioni iniunctis), Meander 25, 1970, 249–261 |
| Brunnhofer | Brunnhofer, H., Vom Aral bis zur Gangā. Historisch-geographische und ethnologische Skizzen zur Urgeschichte der Menschheit, Leipzig 1892 (Einzelbeiträge zur allgemeinen und vergleichenden Sprachwissenschaft 12) |
| Bulloch | Bulloch, A. W., Callimachus, in: The Cambridge History of Classical Literature, I: Greek Literature, Edited by P. E. Easterling and B. M. W. Knox, Cambridge 1985, 549–570 |

Burkert — Burkert, W., Griechische Religion der archaischen und klassischen Epoche, Stuttgart 1977 (Die Religionen der Menschheit 15) = Greek Religion, Cambridge, Mass. 1985

Burton — Burton, A., Diodorus Siculus, Book I. A Commentary, Leiden 1972 (EPRO 29)

Cahen — Cahen, É., Les hymnes de Callimaque. Commentaire explicatif et critique, Paris 1930 (Bibliothèque des Écoles Françaises d'Athènes et de Rome 134 bis)

Carrière — Carrière, J., Philadelphe ou Sōtēr? A propos d'un Hymne de Callimaque, Studii Clasice 11, 1969, 85–93

CCL — Corpus Christianorum, series Latina, Turnholti 1954 sqq.

Cerfaux-Tondriau — Cerfaux, L. – Tondriau, J., Un concurrent de christianisme: Le culte des souverains dans la civilisation gréco-romaine, Paris 1957 (Bibliothèque de Théologie, sér. III, vol. 5)

Červenka — Červenka, J., Vznik a původ euhemerismu, Listy Filologické 11, 1934, 28–33. 110–122

Clauss — Clauss, J.J., Lies and Allusions: The Addressee and Date of Callimachus' Hymn to Zeus, Classical Antiquity 5, 1986, 155–170

Clayman — Clayman, D. L., Callimachus' Iambi, Leiden 1980 (Mnemosyne suppl. 59)

Clemen — Clemen, C., Die phönikische Religion nach Philo von Byblos, Leipzig 1939 (Mitteilungen der Vorderasiatisch-Aegyptischen Gesellschaft XLII 3)

Cole — Cole, Th., Democritus and the Sources of Greek Anthropology, Western Reserve University Press 1967 (Monographs of the American Philological Association 25)

Colpe — Colpe, C., Heilige Schriften, RAC XIV (1987) 184–223

Cook — Cook, A. B., Zeus. A Study in Ancient Religion, I–III, Cambridge 1914. 1925. 1940 (New York 1964)

Courcelle — Courcelle, P., Un vers d'Épimenide dans le «Discours sur l'Aréopage», REG 76, 1963, 404–413

Cropp — Cropp, P., De auctoribus quos secutus Cicero in libris de natura deorum Academicorum novorum theologiam reddidit, Diss. Göttingen, Hamburg 1909

Crusius — Crusius, O., Ad scriptores Latinos exegetica, RhM 47, 1892, 63–64 (de Euhemero poeta)

CSEL — Corpus Scriptorum Ecclesiasticorum Latinorum, Vindobonae 1866 sqq.

CSHB — Corpus Scriptorum Historiae Byzantinae, 1–50, Bonnae 1828–1878

Curtius — Curtius, E. R., Europäische Literatur und lateinisches Mittelalter, Bern–München 1965[4]

Daiber — Daiber, H., Aetius Arabus. Die Vorsokratiker in arabischer Überlieferung, Wiesbaden 1980 (Veröffentlichungen der Orientalischen Kommission 33)

Dawson — Dawson, C. M., The Iambi of Callimachus. A Hellenistic Poet's Experimental Laboratory, Yale Classical Studies 11, 1950, 1–168

Della Casa — Della Casa, A., Quot fuere Ioves?, in: Mythos. Scripta in honorem M. Untersteiner, Genova 1970, 127–156 (Pubblicazioni dell'Istituto di Filologia Classica dell'Università di Genova 30)

| | |
|---|---|
| Deichgräber | Deichgräber, K., Persaios, RE XIX (1937) 926–931 |
| Diamond | Diamond, F. H., Hecataeus of Abdera. A New Historical Approach, Diss. University of California 1974 (micr.) (non vidi) |
| Dibelius | Dibelius, M., Paulus auf dem Areopag, Heidelberg 1939 (Sitzungs-berichte der Heidelberger Akademie der Wissenschaften, Philos.-hist. Kl. 1938/39, 2. Abh.) |
| Diels | Diels, H., Doxographi Graeci, collegit recensuit prolegomenis indi-cibusque instruxit, Berolini 1879 (1965⁴) |
| Dietrich | Dietrich, B. C., The Origins of Greek Religion, Berlin – New York 1974 |
| Dihle | Dihle, A., Das Satyrspiel „Sisyphos", Hermes 105, 1977, 28–42 |
| Dörrie¹ | Dörrie, H., Der Königskult des Antiochos von Kommagene im Lichte neuer Inschriftenfunde, Göttingen 1964 (Abhandlungen der Akademie der Wissenschaften zu Göttingen, Phil.-hist. Kl. 3. Folge, Nr. 60, 1964) |
| Dörrie² | –, Euhemeros, KP II (1967) 414–415 |
| Dörrie³ | –, Das gute Beispiel – ΚΑΛΟΝ ΥΠΟΔΕΙΓΜΑ. Ein Lehrstück vom politischen Nutzen sakraler Stiftungen in Kommagene und in Rom, in: Studien zur Religion und Kultur Kleinasiens. Festschrift für F. K. Dörner, hrsg. von S. Şahin, E. Schwertheim, J. Wagner, I, Leiden 1978 (EPRO 66), 245–262 |
| Drews | Drews, R., The Greek Accounts of Eastern History, Washington 1973 |
| Droysen | Droysen, J. G., Geschichte des Hellenismus, III 1, Gotha 1877² (Ba-sel 1953) |
| Dussaud | Dussaud, R., L'invention des hiéroglyphes d'après Philon de Byblos, in: Mélanges d'Archéologie et d'Histoire offerts à Ch. Picard, I, Paris 1949, 334–337 |
| Ebach | Ebach, J., Weltentstehung und Kulturentwicklung bei Philo von Byblos. Ein Beitrag zur Überlieferung der biblischen Urgeschichte im Rahmen des altorientalischen und antiken Schöpfungsglaubens, Stuttgart 1979 (Beiträge zur Wissenschaft vom Alten und Neuen Te-stament 108) |
| Edelstein-Kidd | Edelstein, L. – Kidd, I. G., Posidonius, I: The Fragments, Cam-bridge 1972 (Cambridge Classical Texts and Commentaries 13) (de-nuo impr. Cambridge 1988) |
| Effe | Effe, B., Προτέρη γενεή. Eine stoische Hesiod-Interpretation in Arats Phainomena, RhM 113, 1970, 167–182 |
| Eißfeldt¹ | Eißfeldt, O., Baal Zaphon, Zeus Kasios und die Durchführung der Israeliten durchs Meer, Halle 1932 (Beiträge zur Religionsge-schichte des Altertums 1) |
| Eißfeldt² | –, Der Gott des Tabor und seine Verbreitung, ARW 31, 1934, 14–41, denuo impr. in: –, Kleine Schriften, hrsg. von R. Sellheim und F. Maass, II, Tübingen 1963, 29–54 |
| Eißfeldt³ | –, Ras Schamra und Sanchuniaton, Halle 1939 (Beiträge zur Reli-gionsgeschichte des Altertums 4) |
| Eißfeldt⁴ | –, Taautos und Sanchunjaton, Berlin 1952 (Sitzungsberichte der Deutschen Akademie der Wissenschaften, Klasse für Sprachen, Lite-ratur und Kunst 1952, 1) |

Elliger      Elliger, W., Die Darstellung der Landschaft in der griechischen Dichtung, Berlin – New York 1975 (Untersuchungen zur antiken Literatur und Geschichte 15)

Elter      Elter, A., Donarem pateras … Horat. Carm. 4, 8, II, Bonn 1907

EPRO      Études Préliminaires aux Religions Orientales dans l'Empire Romain, Leiden 1961 sqq.

Fahr      Fahr, W., ΘΕΟΥΣ ΝΟΜΙΖΕΙΝ. Zum Problem der Anfänge des Atheismus bei den Griechen, Diss. Tübingen, Hildesheim 1969 (Spudasmata 26)

Faure[1]      Faure, P., Le mont Iouktas, tombeau de Zeus, in: Grumach, E. (ed.), Minoica. Festschrift zum 80. Geburtstag von J. Sundwall, Berlin 1958 (Deutsche Akademie der Wissenschaften zu Berlin, Schriften der Sektion für Altertumswissenschaft 12), 133–148

Faure[2]      –, Fonctions des cavernes crétoises, Paris 1964 (École Française d'Athènes, Travaux et Mémoires 14)

Fauth      Fauth, W., Utopische Inseln in den „Wahren Geschichten" des Lukian, Gymnasium 86, 1979, 39–58

Ferguson      Ferguson, J., Utopias of the Classical World, London 1975 (Aspects of Greek and Roman Life)

Festugière[1]      Festugière, A. J., La révélation d'Hermès Trismégiste, I²–II, Paris 1949–1950 (Études Bibliques) (denuo impr. Paris 1981)

Festugière[2]      –, À propos des arétalogies d'Isis, HThR 42, 1949, 209–234, denuo impr. in: –, Études de religion grecque et hellénistique, Paris 1972 (Bibliothèque d'Histoire de la Philosophie), 138–163

Festugière[3]      –, L'arétalogie isiaque de la «Korè Kosmou», in: Mélanges d'Archéologie et d'Histoire offerts à Ch. Picard, I, Paris 1949, 376–381, denuo impr. in: –, Études de religion (…) 164–169

FGrH      Die Fragmente der griechischen Historiker, hrsg. v. F. Jacoby, I–III, Berlin – Leiden 1923–1958 (Leiden 1957–1969)

FHG      Fragmenta Historicorum Graecorum, ed. C. Müller, I–V, Parisiis 1841–1870

Finley      Finley, M. I., Utopianism Ancient and Modern, in: The Critical Spirit. Essays in Honor of H. Marcuse, ed. by K. H. Wolff and B. More, Boston, Mass. 1967, 3–20, denuo impr. in: –, The Use and Abuse of History, London 1975

Foerster      Foerster, R., Der Raub und die Rückkehr der Persephone in ihrer Bedeutung für die Mythologie, Litteratur- und Kunst-Geschichte, Stuttgart 1874

Fraenkel      Fraenkel, E., Additional Note on the Prose of Ennius, Eranos 49, 1951, 50–56, denuo impr. in: –, Kleine Beiträge zur klassischen Philologie, II, Roma 1964, 53–58

v. Fritz      Fritz, K. von, Theodoros von Kyrene, RE V A (1934) 1825–1831

Gallistl      Gallistl, B., Teiresias in den Bakchen des Euripides, Diss. Zürich, Würzburg 1979

Ganß      Ganß, J. F., Quaestiones Euhemereae, in: Vierter Jahresbericht über das Gymnasium Thomaeum zu Kempen in dem Schuljahre 1859–1860, Kempen 1860, 1–27

| | |
|---|---|
| Ganszyniec[1] | Ganszyniec, R., Labraundos, RE XII (1924) 277–282 |
| Ganszyniec[2] | –, Der Ursprung der Zehngebotetafeln, ARW 22, 1923/24, 352–356 |
| Garbarino | Garbarino, G., Roma e la filosofia greca dalle origini alla fine del II secolo a. C. Raccolta di testi con introduzione e commento, I–II, Torino 1973 (Historia, Politica, Philosophica 6) |
| Gatz | Gatz, B., Weltalter, goldene Zeit und sinnverwandte Vorstellungen, Diss. Tübingen 1964, Hildesheim 1967 (Spudasmata 16) |
| GCS | Die griechischen christlichen Schriftsteller der ersten (drei) Jahrhunderte, (Leipzig –) Berlin 1897 sqq. |
| Geffcken[1] | Geffcken, J., Die babylonische Sibylle, Nachrichten von der Königl. Gesellschaft der Wissenschaften zu Göttingen, Philol.-hist. Kl. 1900, 88–102 |
| Geffcken[2] | –, Zwei griechische Apologeten, Leipzig – Berlin 1907 (Sammlung wissenschaftlicher Kommentare zu griechischen und römischen Schriftstellern) (denuo impr. Hildesheim 1970) |
| Geffcken[3] | –, Euhemerism, Encyclopaedia of Religion and Ethics, ed. by J. Hastings, V (1912) 572–573 |
| Geffcken[4] | –, Leon von Pella, RE XII (1925) 2012–2014 |
| H. Gelzer | Gelzer, H., Sextus Iulius Africanus und die byzantinische Chronographie, I, Leipzig 1880 |
| M. Gelzer | Gelzer, M., cens. Pöhlmann, Historische Zeitschrift 113, 1914, 102–106 |
| GGM | Geographi Graeci Minores, I–II, ed. C. Müller, Parisiis 1854–1861 (Hildesheim 1965) |
| Giangrande[1] | Giangrande, L., Les utopies hellénistiques, Cahiers des Études Anciennes 5, 1976, 17–33 |
| Giangrande[2] | –, Les utopies grecques, REA 78/79, 1976/77, 120–128 |
| Giannantoni | Giannantoni, G., Socraticorum reliquiae, collegit, disposuit, apparatibus notisque instruxit, I, Roma – Napoli 1983 |
| Gigon | Gigon, O., Die antike Kultur und das Christentum, Gütersloh 1966 (1971[2]) |
| v. Gils | Gils, P. J. M. van, Quaestiones Euhemereae, Diss. Amsterdam, Kerkrade – Heerlen 1902 |
| Girard | Girard, J.-L., Probabilisme, théologie et religion: le catalogue des dieux homonymes dans le De natura deorum de Ciceron (III 42 et 53–60), in: Hommages à R. Schilling édités par H. Zehnacker et G. Hentz, Paris 1983 (Collection d'Études Latines, Série scientifique 37), 117–126 |
| Gisinger | Gisinger, F., Nikanor – Nikagoras, RE Suppl. VIII (1956) 363 |
| Glaser[1] | Glaser, E., Punt und die südarabischen Reiche, Berlin 1899 (Mitteilungen der Vorderasiatischen Gesellschaft IV 2) |
| Glaser[2] | –, Das Weihrauchland und Sokotra historisch beleuchtet, München 1899 (Sonderabdruck aus der Beilage zur Allgemeinen Zeitung Nr. 120 und 121 vom 27. und 29. Mai 1899) |
| Gnilka | Gnilka, Ch., Greisenalter, RAC XII (1983) 995–1094 |
| Grandjean | Grandjean, Y., Une nouvelle arétalogie d'Isis à Maronée, Leiden 1975 (EPRO 49) |
| Grant | Grant, R. M., The Problem of Theophilus, HThR 43, 1950, 179–196 |
| Gratwick | Gratwick, A. S., The Minor Works of Ennius, in: The Cambridge |

History of Classical Literature, II: Latin Literature, ed. by E.J.Kenney and W.V.Clausen, Cambridge 1982, 156–160

Gressmann   Gressmann, H., cens. M. Dunlop Gibson, Horae Semiticae X, PhW 33, 1913, 936–939

Griffiths   Griffiths, J.G., Plutarch, De Iside et Osiride, Cardiff 1970

Grilli   Grilli, A., Studi enniani, Brescia 1965 (Pubblicazioni del Sodalizio Glottologico Milanese 3)

Griset   Griset, F., L'evemerismo in Roma, Rivista di studi classici 7, 1959, 65–68

Gruppe   Gruppe, O., Die griechischen Kulte und Mythen in ihren Beziehungen zu den orientalischen Religionen, I, Leipzig 1887 (Hildesheim – New York 1973)

Guthrie   Guthrie, W. K. C., A History of Greek Philosophy, III: The Fifth-Century Enlightenment, Cambridge 1969

Habicht   Habicht, Ch., Gottmenschentum und griechische Städte, München 1970² (Zetemata 14)

Hache   Hache, F., Quaestiones archaicae, Diss. Vratislaviae 1907, 52–60 (De Ennii Euhemero)

Hagendahl   Hagendahl, H., Augustine and the Latin Classics, I–II, Göteborg 1967 (Studia Graeca et Latina Gothoburgensia XX 1–2)

Halliday   Halliday, W., Picus-Who-Is-Also-Zeus, CR 36, 1922, 110–112

Hani   Hani, J., La religion égyptienne dans la pensée de Plutarque, Paris 1976

Harder   Harder, R., Karpokrates von Chalkis und die memphitische Isispropaganda, Berlin 1944 (Abhandlungen der Preußischen Akademie der Wissenschaften, Phil.-hist. Kl., 1943, 14)

Harnack   Harnack, A., Der Vorwurf des Atheismus in den drei ersten Jahrhunderten, Texte und Untersuchungen zur Geschichte der altchristlichen Literatur NF XIII 4, 1905, 3–16

Hartfelder   Hartfelder, K., Die Kritik des Götterglaubens bei Sextus Emp. Adv. math. IX, 1–194, RhM 36, 1881, 227–234

Haussleiter   Haussleiter, J., Der Vegetarianismus in der Antike, Berlin 1935 (RGVV 24)

Heinemann   Heinemann, I., Poseidonios' metaphysische Schriften, I–II, Breslau 1921–1928 (Hildesheim 1968)

Heinimann   Heinimann, F., Nomos und Physis. Herkunft und Bedeutung einer Antithese im griechischen Denken des 5. Jahrhunderts, Basel 1945 (Schweizerische Beiträge zur Altertumswissenschaft 1) (denuo impr. Darmstadt 1987⁵)

Helm   Helm, R., Der antike Roman, Göttingen 1956² (Studienhefte zur Altertumswissenschaft 4)

Henrichs¹   Henrichs, A., Die Phoinikika des Lollianos. Fragmente eines neuen griechischen Romans hrsg. und erklärt, Bonn 1972 (Papyrologische Texte und Abhandlungen 14)

Henrichs²   –, Two Doxographical Notes: Democritus and Prodicus on Religion, HSCPh 79, 1975, 93–127

Henrichs³   –, The Atheism of Prodicus, Cronache Ercolanesi 6, 1976, 15–21

Henrichs⁴   –, The Sophists and Hellenistic Religion: Prodicus as the Spiritual Father of the Isis Aretalogies, HSCPh 88, 1984, 139–158

| | |
|---|---|
| Herter[1] | Herter, H., Kallimachos, RE Suppl. V (1931) 386–452 |
| Herter[2] | –, Kallimachos, RE Suppl. XIII (1973) 184–266 |
| Herzog | Herzog, R., Abaton, RAC I (1950) 8–9 |
| Heuten | Heuten, G., Iulius Firmicus Maternus, De errore profanarum religionum. Traduction nouvelle avec texte et commentaire, Bruxelles 1938 (Travaux de la Faculté de Philosophie et Lettres de l'Université de Bruxelles 8) |
| Hewitt | Hewitt, J. W., The Major Restrictions on Access to Greek Temples, TAPhA 40, 1909, 83–91 |
| Hirzel[1] | Hirzel, R., Untersuchungen zu Cicero's philosophischen Schriften, I–II, Leipzig 1877–1882 (Hildesheim 1964) |
| Hirzel[2] | –, Der Dialog. Ein literarhistorischer Versuch, I, Leipzig 1895 (Hildesheim 1963) |
| Hirzel[3] | –, Die Homonymie der griechischen Götter nach der Lehre antiker Theologen, Berichte über die Verhandlungen der Königl. Sächsischen Gesellschaft der Wissenschaften zu Leipzig, Philol.-hist. Cl. 48, 1896, 277–337 |
| Hocheisel | Hocheisel, K., Das Urteil über die nichtchristlichen Religionen im Traktat De errore profanarum religionum des Firmicus Maternus, Diss. Bonn 1972 |
| Hölscher | Hölscher, U., Anaximander und der Anfang der Philosophie, in: –, Anfängliches Fragen, Göttingen 1968, 9–89 |
| Hommel[1] | Hommel, F., Die Insel der Seligen in Mythus und Sage der Vorzeit, München 1901 |
| Hommel[2] | –, Ethnologie und Geographie des alten Orients, München 1926 (Handbuch der Altertumswissenschaft III 1, 1) |
| Hubaux-Leroy | Hubaux, J. – Leroy, M., Le mythe du Phénix dans les littératures grecque et latine, Liège – Paris 1939 (Bibliothèque de la Faculté de Philosophie et Lettres de l'Université de Liège 82) |
| Hüsing | Hüsing, G., Panchaia, in: Mžik, H. (Hrsg.), Beiträge zur historischen Geographie, Kulturgeographie, Ethnographie und Kartographie, vornehmlich des Orients, Leipzig – Wien 1929, 99–111 |
| Jacobson | Jacobson, H., The Exagoge of Ezekiel, Cambridge 1983 |
| Jacoby[1] | Jacoby, F., Euemeros, RE VI (1907) 952–972, denuo impr. in: –, Griechische Historiker, Stuttgart 1956, 175–185 |
| Jacoby[2] | –, Hekataios, RE VII (1912) 2750–2769, denuo impr. in: –, Griechische Historiker 227–237 |
| Jacoby[3] | –, Die Fragmente der griechischen Historiker, I–III, Berlin – Leiden 1923–1958 (Leiden 1957–1969) |
| Jacoby[4] | –, Diagoras ὁ Ἄθεος, Berlin 1959 (Abhandlungen der Deutschen Akademie der Wissenschaften zu Berlin, Klasse für Sprachen, Literatur und Kunst 1959, 3) |
| Jagielski | Jagielski, H., De Firmiani Lactantii fontibus quaestiones selectae, Diss. Königsberg 1912 |
| Jeanmaire | Jeanmaire, H., Couroi et Courètes. Essai sur l'éducation spartiate et sur les rites d'adolescence dans l'antiquité hellénique, Lille 1939 (Travaux et Mémoires de l'Université de Lille) |
| Joël | Joël, K., Geschichte der antiken Philosophie, I, Tübingen 1921 |

| | |
|---|---|
| Johnston | Johnston, P. A., Vergil's Conception of Saturnus, California Studies in Classical Antiquity 10, 1977, 57–70 |
| Josephson | Josephson, Å., Die Columella-Handschriften, Uppsala – Wiesbaden 1955 (Acta Universitatis Upsaliensis 1955, 8) |
| Jung-Kerényi | Jung, C. G. – Kerényi, K., Das göttliche Kind in mythologischer und psychologischer Beleuchtung, Leipzig 1940 (Albae Vigiliae 6/7) |
| Kaerst | Kaerst, J., Geschichte des Hellenismus, II, Leipzig – Berlin 1926² (Stuttgart 1969) |
| Kan | Kan, C. M., Disputatio de Euhemero, Diss. Groningae 1862 |
| Kappelmacher | Kappelmacher, A., Die Literatur der Römer bis zur Karolingerzeit. Nach dem Ableben des Verfassers beendet von M. Schuster, Potsdam 1926 (Handbuch der Literaturwissenschaft 7) (denuo impr. 1934) |
| Kassel | Kassel, R., Peripatetica, Hermes 91, 1963, 55 sq. |
| Kattenbusch | Kattenbusch, F., Die Entstehung einer christlichen Theologie. Zur Geschichte der Ausdrücke θεολογία, θεολογεῖν, θεολόγος, Zeitschrift für Theologie und Kirche NF 11, 1930, bes. 162–173 („Theologie vor dem Christentum") |
| Kerényi | Kerényi, K., Die griechisch-orientalische Romanliteratur in religionsgeschichtlicher Beleuchtung, Tübingen 1927 (1962²) |
| Kern¹ | Kern, O., Epimenides, RE VI (1907) 173–178 |
| Kern² | –, Orphicorum fragmenta, Berolini 1922 (Dublin – Zürich 1972³) |
| Kern³ | –, Die Religion der Griechen, I–III, Berlin 1926–1938 (Berlin 1963²) |
| Kleingünther | Kleingünther, A., ΠΡΩΤΟΣ ΕΥΡΕΤΗΣ. Untersuchungen zur Geschichte einer Fragestellung, Diss. Göttingen 1930, Leipzig 1933 (Philologus Supplbd. XXVI 1) |
| Kleinknecht | Kleinknecht, H., λόγος (im Hellenismus), ThWNT IV (1942) 83–89 |
| Knaack | Knaack, G., Antiphanes von Berge, RhM 61, 1906, 135–138 |
| Kötting | Kötting, B., Euergetes, RAC VI (1966) 848–860 |
| KP | Der kleine Pauly. Lexikon der Antike, I–V, München 1964–1975 |
| Krahner | Krahner, L., Grundlinien zur Geschichte des Verfalls der römischen Staatsreligion bis auf die Zeit des August. Eine litterarhistorische Abhandlung, Halle 1837 (Programm der Lateinischen Hauptschule zu Halle), 20–45 |
| Kremmer | Kremmer, M., De catalogis heurematum, Diss. Leipzig 1890 |
| Krokiewicz | Krokiewicz, A., Etyka Demokryta i hedonizm Arystypa, Warszawa 1960 |
| Kroll¹ | Kroll, W., cens. Moore, BPhW 17, 1897, 1479–1481 |
| Kroll² | –, Hermes Trismegistos, RE VIII (1912) 792–823 |
| Kroll³ | –, Arnobiusstudien, RhM 72, 1917/18, 62–112 |
| Kroll⁴ | –, Nikagoras, RE XVII 1 (1936) 216 |
| Krug¹ | Krug, H., Der Stil im Euhemerus des Ennius, Diss. Breslau 1944 (dactylogr.) |
| Krug² | –, Zum Text von Ennius' Euhemerus, Forschungen und Fortschritte 24, 1948, 57–59 |
| Kubusch | Kubusch, K., Aurea Saecula: Mythos und Geschichte. Untersuchungen eines Motivs in der antiken Literatur bis Ovid, Diss. Marburg, |

|  |  |
|---|---|
|  | Frankfurt a. M. – Bern – New York 1986 (Studien zur klassischen Philologie 28) |
| Kuiper[1] | Kuiper, K., Studia Callimachea, II: De Callimachi theologumenis, Lugduni Batavorum 1898 |
| Kuiper[2] | –, De Ezechiele poeta Iudaeo, Mnemosyne NS 28, 1900, 237–280 |
| Kytzler | Kytzler, B., Utopisches Denken und Handeln in der klassischen Antike, in: Der utopische Roman, hrsg. von R. Villgradter und F. Krey, Darmstadt 1973, 45–68 |
| Laager | Laager, J., Geburt und Kindheit des Gottes in der griechischen Mythologie, Winterthur 1957 |
| Laffranque | Laffranque, M., Poseidonios, Eudoxe de Cyzique et la circumnavigation de l'Afrique, Revue philosophique 153, 1963, 199–222 |
| Langer | Langer, C., Euhemeros und die Theorie der φύσει und θέσει θεοί, ΑΓΓΕΛΟΣ. Archiv für neutestamentliche Zeitgeschichte und Kulturkunde 2, 1926, 53–59 |
| Latte | Latte, K., Temenos, RE V A (1934) 435–437 |
| Lauer-Picard | Lauer, J.-Ph. – Picard, C., Les statues ptolémaïques du Sarapieion de Memphis, Paris 1955 (Publications de l'Institut d'Art et d'Archéologie de l'Université de Paris 3) |
| Laughton | Laughton, E., The Prose of Ennius, Eranos 49, 1951, 35–49 |
| Lenchantin de Gubernatis[1] | Lenchantin de Gubernatis, M., Appunti sull'ellenismo nella poesia arcaica latina, Memorie della Reale Accademia delle Scienze di Torino, Serie 2, Cl. di Scienze morali, storiche e filologiche 68, 1913, 426–431 |
| Lenchantin de Gubernatis[2] | –, Ennio. Saggio critico, Torino 1915 (Roma 1978, Philologica 7) |
| Leo | Leo, F., Geschichte der römischen Literatur, I: Die archaische Literatur, Berlin 1913 (Dublin – Zürich 1967[3]) |
| Lesky | Lesky, A., Geschichte der griechischen Literatur, Bern – München 1971[3] |
| Lilja | Lilja, S., The Treatment of Odours in the Poetry of Antiquity, Helsinki 1972 (Commentationes Humanarum Litterarum 49) |
| Lovejoy-Boas | Lovejoy, A. O. – Boas, G., Primitivism and Related Ideas in Antiquity, Baltimore 1935 (A Documented History of Primitivism and Related Ideas 1) (denuo impr. New York 1965) |
| Maass | Maass, E., Aratea, Berlin 1892 (PhU 12) |
| Mancini | Mancini, A., De Varrone Lactantii auctore, Studi Storici 5, 1896, 229–239. 297–316 |
| Marinatos | Marinatos, S., Die Wanderung des Zeus, Archäologischer Anzeiger 1962, 903–916 |
| Mariotti | Mariotti, S., Ennius, KP II (1967) 270–276 |
| McLennan | Callimachus, Hymn to Zeus. Introduction and Commentary by G. R. McLennan, Romae 1977 (Testi e commenti 2) |
| v. d. Meer | Meer, H. F. van der, Euhemerus van Messene, Diss. Amsterdam 1949 |
| Meillier | Meillier, C., Callimaque et son temps. Recherches sur la carrière et la condition d'un écrivain à l'époque des premiers Lagides, Diss. Paris 1975, Lille 1979 |
| Merkelbach | Merkelbach, R., Mithras, Königstein 1984 |
| Mewaldt | Mewaldt, J., Die Überlieferung über den Euhemerus des Ennius, in: |

Verhandlungen der 51. Versammlung Deutscher Philologen und Schulmänner in Posen (...), Leipzig 1912, 42–43

MGH AA  Monumenta Germaniae Historica, Auctores Antiquissimi, 1–15, Berolini 1877–1919 (Berlin 1961)

Michaelis  Michaelis, W., De origine indicis deorum cognominum, Diss. Berolini 1898

Molter  Molter, T., „Glückliche Inseln" antiker und mittelalterlicher Entdeckungsreisen im nordwesteuropäisch-atlantischen Raum, Jahrbuch der Wittheit zu Bremen 18, 1974, 315–325

Moore  Moore, C. H., Iulius Firmicus Maternus, der Heide und der Christ, Diss. München 1897

Mras  Mras, K., Sanchuniaton, Anzeiger der Österreichischen Akademie der Wissenschaften 89, 1952, 175–186

C. W. Müller  Müller, C. W., Protagoras über die Götter, Hermes 95, 1967, 140–159, denuo impr. in: Classen, C. J. (ed.), Sophistik, Darmstadt 1976 (Wege der Forschung 187), 312–340

D. Müller  Müller, D., Ägypten und die griechischen Isis-Aretalogien, Berlin 1961 (Abhandlungen der Sächsischen Akademie der Wissenschaften zu Leipzig, Philol.-hist. Kl. 53, 1)

K. E. Müller  Müller, K. E., Geschichte der antiken Ethnographie und ethnologischen Theoriebildung von den Anfängen bis auf die byzantinischen Historiographen, I, Wiesbaden 1972 (Studien zur Kulturkunde 29)

L. Müller  Q. Enni Carminum reliquiae. Accedunt Cn. Naevi Belli Poenici quae supersunt. Emendavit et adnotavit L. Müllerus, Petropoli 1884

R. Müller  Müller, R., Zur sozialen Utopie im Hellenismus, in: Die Rolle der Volksmassen in der Geschichte der vorkapitalistischen Gesellschaftsformationen, hrsg. v. J. Herrmann und I. Sellnow, Berlin 1975 (Veröffentlichungen des Zentralinstituts für Alte Geschichte und Archäologie der Akademie der Wissenschaften der DDR 7), 277–286, denuo impr. in: –, Menschenbild und Humanismus der Antike. Studien zur Geschichte der Literatur und Philosophie, Leipzig 1980, 189–201

W. W. Müller[1]  Müller, W. W., Alt-Südarabien als Weihrauchland, Theologische Quartalschrift 149, 1969, 350–368

W. W. Müller[2]  –, Weihrauch, RE Suppl. XV (1978) 700–777

Münter  Firmicus Maternus, De errore profanarum religionum, ed. F. Münter, Parisiis 1845, 971–1050 (PL 12)

Mullach  Mullach, F. G. A., Fragmenta Philosophorum Graecorum, II, Parisiis 1867 (Aalen 1968)

Murray  Murray, O., Hecataeus of Abdera and Pharaonic Kingship, Journal of Egyptian Archaeology 56, 1970, 141–171

Nailis  Nailis, Ch., Aurelius Augustinus en Euhemerus, Philologische Studiën 11/12, 1939/41, 81–89

Némethy[1]  Némethy, G., Euhemeri reliquiae, collegit, prolegomenis et adnotationibus instruxit, Budapest 1889

Némethy[2]  –, Addenda reliquiis Euhemeri, Egyetemes Philologiai Közlöny 17, 1893, 1–14

Némethy[3]  –, De vestigiis doctrinae Euhemereae in Oraculis Sibyllinis, EPhK 21, 1897, 1–6

Némethy[4]          –, Quaestiunculae Euhemereae, EPhK 24, 1900, 125–128
Nestle[1]           Nestle, W., Bemerkungen zu den Vorsokratikern und Sophisten, Philologus 67, 1908, 531–581
Nestle[2]           –, Die Horen des Prodikos, Hermes 71, 1936, 151–170, denuo impr. in: –, Griechische Studien. Untersuchungen zur Religion, Dichtung und Philosophie der Griechen, Stuttgart 1948 (Aalen 1968), 403–429 et Classen, C.J. (ed.), Sophistik, Darmstadt 1976 (Wege der Forschung 187), 425–451
Nestle[3]           –, Vom Mythos zum Logos. Die Selbstentfaltung des griechischen Denkens von Homer bis auf Sophistik und Sokrates, Stuttgart 1942² (Aalen 1966 et Stuttgart 1975)
Nestle[4]           –, Griechische Geistesgeschichte von Homer bis Lukian in ihrer Entfaltung vom mythischen zum rationalen Denken dargestellt, Stuttgart 1956²
Neustadt            Neustadt, E., De Iove Cretico, Diss. Berlin 1906
Nicklin             Nicklin, T., Epimenides' Minos, CR 30, 1916, 33–37
Nikiprowetzky[1]    Nikiprowetzky, V., La troisième Sibylle, Paris – La Haye 1970 (École pratique des hautes études, 6ᵐᵉ sect., Études Juives 9)
Nikiprowetzky[2]    –, La Sibylle juive et le «Troisième Livre» des «Pseudo-Oracles Sibyllins» depuis Charles Alexandre, ANRW II 20, 1, 1987, 460–542
Nilsson[1]          Nilsson, M.P., Griechische Feste von religiöser Bedeutung mit Ausschluß der attischen, Leipzig 1906 (Darmstadt 1957)
Nilsson[2]          –, The Origin of Belief among the Greeks in the Divinity of the Heavenly Bodies, HThR 33, 1940, 1–8, denuo impr. in: –, Opuscula selecta ad historiam religionis Graecae, III, Lund 1960, 31–39
Nilsson[3]          –, The Minoan-Mycenaean Religion and its Survival in Greek Religion, Lund 1950² (Acta Reg. Societatis Humaniorum Litterarum Lundensis) (denuo impr. Lund 1968)
Nilsson[4]          –, Geschichte der griechischen Religion, I³, München 1967; II³, München 1974 (Handbuch der Altertumswissenschaft V 2)
Ninck               Ninck, M., Die Bedeutung des Wassers im Kult und Leben der Alten. Eine symbolgeschichtliche Untersuchung, Leipzig 1921 (Philologus Supplbd. XIV 2) (denuo impr. Darmstadt 1960)
Nock                Nock, A.D., cens. Harder, Gnomon 21, 1949, 221–229, denuo impr. in: –, Essays on Religion and the Ancient World, ed. by Z. Stewart, II, Oxford 1972, 703–711
Norden[1]           Norden, E., Agnostos Theos. Untersuchungen zur Formengeschichte religiöser Rede, Leipzig – Berlin 1913 (Darmstadt 1974⁶)
Norden[2]           –, P. Vergilius Maro, Aeneis Buch VI, Leipzig – Berlin 1916 (Sammlung wissenschaftlicher Kommentare zu griechischen und römischen Schriftstellern) (denuo impr. Stuttgart 1984⁸)
Norden[3]           –, Die Geburt des Kindes. Geschichte einer religiösen Idee, Leipzig – Berlin 1924 (Studien der Bibliothek Warburg 3) (denuo impr. Stuttgart 1969⁴)
Novara              Novara, A., Les idées romaines sur le progrès d'après les écrivains de la République, Paris 1982
Oberhummer          Oberhummer, E., Pangaion, RE XVIII 3 (1949) 589–592
Ogilvie             Ogilvie, R.M., The Library of Lactantius, Oxford 1978
Otto                Otto, W., Priester und Tempel im hellenistischen Ägypten. Ein Bei-

trag zur Kulturgeschichte des Hellenismus, I–II, Leipzig – Berlin 1905–1908

Otto-Bengtson    Otto, W. – Bengtson, H., Zur Geschichte des Niedergangs des Ptolemäerreiches, München 1938 (Abhandlungen der Bayerischen Akademie der Wissenschaften, Phil.-hist. Abt., NF 17, 1938)

Pasquali    Pasquali, G., Per la delimitazione di un frammento dell'«Euemero» di Ennio, RFIC 37, 1909, 38–53

Pastorino    Iuli Firmici Materni De errore profanarum religionum. Introduzione e commento a cura di A. Pastorino, Firenze 1956 (Biblioteca di Studi Superiori 27)

Pease    M. Tulli Ciceronis De natura deorum l. I–III, ed. by A. S. Pease, Cambridge, Mass. 1955–1958 (Darmstadt 1968)

Peek    Peek, W., Der Isishymnos von Andros und verwandte Texte, Berlin 1930

Peretti    Peretti, A., La Sibilla babilonese nella propaganda ellenistica, Firenze 1943 (Biblioteca di cultura 21)

Pfeiffer[1]    Pfeiffer, R., Neue Lesungen und Ergänzungen zu Kallimachos-Papyri, Philologus 93, 1938, 61–73

Pfeiffer[2]    –, Callimachus, I–II, Oxonii 1949–1953 (Oxonii 1965)

Pfister[1]    Pfister, F., Der Reliquienkult im Altertum, Gießen 1909–1912 (RGVV V 1–2) (denuo impr. Berlin – New York 1974)

Pfister[2]    –, Ein apokrypher Alexanderbrief. Der sogenannte Leon von Pella und die Kirchenväter, in: Mullus. Festschrift Th. Klauser, Münster 1964 (JbAC Ergbd. 1), denuo impr. in: –, Kleine Schriften zum Alexanderroman, Meisenheim am Glan 1976 (Beiträge zur klassischen Philologie 61), 104–111

PG    Patrologiae cursus completus, Series Graeca, ed. J. P. Migne, 1–161, Parisiis 1857–1866

Philippson    Philippson, R., Die Quelle der epikureischen Götterlehre in Ciceros erstem Buche De natura deorum, Symbolae Osloenses 19, 1939, 15–40, denuo impr. in: –, Studien zu Epikur und den Epikureern. Im Anschluß an W. Schmid hrsg. von C. J. Classen, Hildesheim – Zürich – New York 1983 (Olms Studien 17)

PL    Patrologiae cursus completus, Series Latina, ed. J. P. Migne, 1–217, Parisiis 1844–1855

Platthy    Platthy, J., The Mythical Poets of Greece, Washington 1985

Pöhlmann    Pöhlmann, R. von, Geschichte der sozialen Frage und des Sozialismus in der antiken Welt, 3. Auflage durchgesehen und um einen Anhang vermehrt von F. Oertel, II, München 1925 (Darmstadt 1984)

Poerner    Poerner, I., De Curetibus et Corybantibus, Diss. Halle 1913 (Dissertationes philologicae Halenses XXII 2)

Pohlenz[1]    Pohlenz, M., Die Stoa. Geschichte einer geistigen Bewegung, I–II, Göttingen 1948–1949 (1972⁴)

Pohlenz[2]    –, Paulus und die Stoa, ZNW 42, 1949, 69–104

Polet    Polet, A., Deux utopies hellénistiques: La Panchaïe d'Évhémère et la Cité du Soleil de Jambule, Bulletin of the Faculty of Arts, Fouad I University, vol. IX 1, 1947, 47–62

Powell    Powell, J. U., On an Alleged New Fragment of Epimenides, CR 30, 1916, 139–142

| | |
|---|---|
| RAC | Reallexikon für Antike und Christentum, Stuttgart 1950 sqq. |
| Rapisarda | Rapisarda, E., Clemente fonte di Arnobio, Torino 1939 |
| Rathjens | Rathjens, C., Kulturelle Einflüsse in Südwest-Arabien von den ältesten Zeiten bis zum Islam, unter besonderer Berücksichtigung des Hellenismus, Jahrbuch für Kleinasiatische Forschung 1, 1950/51, 1–42 |
| RE | Paulys Realencyclopädie der classischen Altertumswissenschaft. Neue Bearbeitung hrsg. von G. Wissowa, W. Kroll, K. Mittelhaus, K. Ziegler, Stuttgart 1894–1978 |
| Rees | Rees, B. R., Callimachus, Iambus I 9–11, CR 75, 1961, 1–3 |
| Reinhardt | Reinhardt, L., Die Quellen von Ciceros Schrift de natura deorum, Diss. Breslau 1888 (Breslauer Philologische Abhandlungen III 2) |
| Reitzenstein[1] | Reitzenstein, R., Zwei religionsgeschichtliche Fragen nach ungedruckten griechischen Texten der Straßburger Bibliothek, Straßburg 1901 |
| Reitzenstein[2] | –, Poimandres. Studien zur griechisch-ägyptischen und frühchristlichen Literatur, Leipzig 1904 (Stuttgart 1969) |
| Reitzenstein[3] | –, Hellenistische Wundererzählungen, Leipzig 1906 (Stuttgart 1963) |
| Rendel Harris[1] | Rendel Harris, J., The Cretans Always Liars, The Expositor 7. ser., vol. 2, 1906, 305–317 |
| Rendel Harris[2] | –, A Further Note on the Cretans, The Expositor 7. ser., vol. 3, 1907, 332–337 |
| Rendel Harris[3] | –, St. Paul and Epimenides, The Expositor 8. ser., vol. 4, 1912, 348–353 |
| RGVV | Religionsgeschichtliche Versuche und Vorarbeiten, Gießen – Berlin 1903 sqq. |
| Ribbeck | Ribbeck, O., Geschichte der römischen Dichtung, I, Stuttgart 1894[2] |
| Richardson | Richardson, N. J., The Homeric Hymn to Demeter, Oxford 1974 (1979[2]) |
| Riese | Riese, A., Die communis historia des Lutatius, RhM 18, 1863, 448–450 |
| Robert | Eratosthenis Catasterismorum reliquiae, ed. C. Robert, Berolini 1878 (1963) |
| Röhricht | Röhricht, A., De Clemente Alexandrino Arnobii in irridendo gentilium cultu deorum auctore, Diss. Kiel, Hamburgi 1892 |
| Rohde[1] | Rohde, E., Der griechische Roman und seine Vorläufer, Leipzig 1914[3] (Darmstadt 1974[5]) |
| Rohde[2] | –, Psyche. Seelencult und Unsterblichkeitsglaube der Griechen, 9. und 10. Auflage mit einer Einführung von O. Weinreich, I–II, Tübingen 1925 (Darmstadt 1980) |
| Rostagni | Rostagni, A., Poeti alessandrini, Torino 1916 (1963) |
| Rostowzew | Rostowzew, M., Studien zur Geschichte des römischen Kolonates, Leipzig – Berlin 1910 (Archiv für Papyrusforschung, Beiheft 1) (denuo impr. Stuttgart 1970) |
| Roux | Roux, G., Delphi. Orakel und Kultstätten, München 1971 |
| Rupprecht | Rupprecht, K., Ἱερὰ ἀναγραφή, Philologus 80, 1924/25, 350–352 |
| Rusch[1] | Rusch, A., Thoth, RE VI A (1936) 351–388 |
| Rusch[2] | –, Phoinix, RE XX (1941) 414–423 |
| Ruska | Ruska, J., Tabula Smaragdina. Ein Beitrag zur Geschichte der her- |

metischen Literatur, Heidelberg 1926 (Heidelberger Akten der von-Portheim-Stiftung 16)

Rusten[1]     Rusten, J. S., Pellaeus Leo, AJPh 101, 1980, 197–201

Rusten[2]     –, Dionysius Scytobrachion, Opladen 1982 (Abhandlungen der Rheinisch-Westfälischen Akademie der Wissenschaften, Sonderreihe: Papyrologica Coloniensia 10)

Salač     Salač, A., ΖΕΥΣ ΚΑΣΙΟΣ, Bulletin de Correspondance Hellénique 46, 1922, 160–189

Salin     Salin, E., Plato und die griechische Utopie, München – Leipzig 1921

Sartori     Sartori, M., Storia, «utopia» e mito nei primi libri della «Bibliotheca historica» di Diodoro Siculo, Athenaeum 62, 1984, 492–536

Sbordone     Sbordone, F., La Fenice nel culto di Helios, Rivista Indo-Greco-Italica 19, 1935, 1–46, denuo impr. in: –, Scritti di varia filologia, Napoli 1971 (Geminae ortae 7), 89–161

SC     Sources Chrétiennes, Paris 1942 sqq.

Schefold[1]     Schefold, K., Die Dichter und Weisen im Serapieion, Mus. Helv. 14, 1957, 33–38

Schefold[2]     –, Neues vom klassischen Tempel, Mus. Helv. 14, 1957, 20–32

Schelkle     Schelkle, K. H., Virgil in der Deutung Augustins, Stuttgart – Berlin 1939 (Tübinger Beiträge zur Altertumswissenschaft 32)

Schippers     Schippers, J. W., De ontwikkeling der euhemeristische godencritiek in de christelijke latijnse literatuur, Diss. Utrecht, Groningen 1952

Schmekel     Schmekel, A., Die Philosophie der mittleren Stoa in ihrem geschichtlichen Zusammenhange, Berlin 1892 (Hildesheim – New York 1974)

Schnabel     Schnabel, P., Berossos und die babylonisch-hellenistische Literatur, Leipzig – Berlin 1923 (Hildesheim 1968)

Schönbeck     Schönbeck, G., Der locus amoenus von Homer bis Horaz, Diss. Heidelberg 1962

Schrenk     Schrenk, G., γράμμα (im griechischen und hellenistischen Gebrauch), ThWNT I (1933) 761–763

Schubart     Schubart, W., Das hellenistische Königsideal nach Inschriften und Papyri, Archiv für Papyrusforschung 12, 1937, 1–26

Schwabl[1]     Schwabl, H., Zeus, RE X A (1972) 253–376

Schwabl[2]     –, Zeus, RE Suppl. XV (1978) 993–1481

Schwartz[1]     Schwartz, E., Hekataios von Teos, RhM 40, 1885, 223–262

Schwartz[2]     –, Fünf Vorträge über den griechischen Roman. Das Romanhafte in der erzählenden Literatur der Griechen. Mit einer Einführung von A. Rehm, Berlin 1943[2]

Schwenke     Schwenke, P., Über Ciceros Quellen in den Büchern De natura deorum, Neue Jahrbücher für Philologie und Paedagogik 119, 1879, 49–66

Schwenn     Schwenn, F., Kureten, RE XI (1922) 2202–2209

Scodel     Scodel, R., The Trojan Trilogy of Euripides, Göttingen 1980 (Hypomnemata 60)

Sieroka     Sieroka, O., De Euhemero, Diss. Regimonti Prussorum 1869

Sitte     Sitte, A., Mythologische Quellen des Arnobius, Diss. Wien 1970 (dactylogr.)

| | |
|---|---|
| Skard | Skard, E., Zwei religiös-politische Begriffe: Euergetes – Concordia, Oslo 1932 (Avhandlinger utgitt av det Norsk Videnskaps-Akademi i Oslo, II. Hist.-Filos. Kl. 1931, 2) |
| F. Skutsch | Skutsch, F., Ennius, RE V (1905) 2589–2628 |
| O. Skutsch | Skutsch, O., The Annals of Q. Ennius, Edited with Introduction and Commentary, Oxford 1985 |
| Solmsen | Solmsen, F., Cicero "De natura deorum" III 53 ff, Classical Philology 39, 1944, 44–47 |
| Speyer | Speyer, W., Bücherfunde in der Glaubenswerbung der Antike, Göttingen 1970 (Hypomnemata 24) |
| Spoerri[1] | Spoerri, W., Späthellenistische Berichte über Welt, Kultur und Götter. Untersuchungen zu Diodor von Sizilien, Diss. Basel 1953, Basel 1959 (Schweizerische Beiträge zur Altertumswissenschaft 9) |
| Spoerri[2] | –, Leon von Pella, KP III (1969) 565 |
| Spoerri[3] | –, Hekataios von Abdera, RAC XIV (1987) 275–310 |
| Spyridakis | Spyridakis, S., Zeus Is Dead. Euhemerus and Crete, Classical Journal 63, 1968, 337–340 |
| Stauffer | Stauffer, E., ἄθεος, ThWNT III (1938) 120–122 |
| Stengel | Stengel, P., Die griechischen Kultusaltertümer, Dritte zum großen Teil neubearbeitete Auflage, München 1920 (Handbuch der Altertumswissenschaft V 3) |
| Stern | Stern, M., Greek and Latin Authors on Jews and Judaism, Edited with Introductions, Translations and Commentary, I, Jerusalem 1974 (Publications of the Israel Academy of Sciences and Humanities. Section of Humanities) |
| Steuernagel-Kees | Steuernagel, C. – Kees, H., Κάσιον ὄρος, RE X (1919) 2263–2264 |
| Susemihl | Susemihl, F., Geschichte der griechischen Litteratur in der Alexandrinerzeit, I–II, Leipzig 1891–1892 (Hildesheim 1965) |
| Sutton | Sutton, D., Critias and Atheism, CQ 75, 1981, 33–38 |
| SVF | Stoicorum Veterum Fragmenta, collegit I. ab Arnim, I–III, Lipsiae 1903–1905 (Stutgardiae 1968) |
| Taeger | Taeger, F., Charisma. Studien zur Geschichte des antiken Herrscherkultes, I–II, Stuttgart 1957–1960 |
| Tandy | Tandy, D. W., Callimachus, Hymn to Zeus. Introduction and Commentary, Diss. Yale University, New Haven, Conn. 1979 (microf.) (non vidi) |
| Tarn[1] | Tarn, W. W., Alexander the Great and the Unity of Mankind, Proceedings of the British Academy 19, 1933, 123–166 (Appendix: The Date of Euhemerus; separatim impr.: 1–46), denuo impr. in: Griffith, G. T. (ed.), Alexander the Great. The Main Problems, Cambridge – New York 1966, 243–286 |
| Tarn[2] | –, Alexander the Great, II: Sources and Studies, Cambridge 1948 (Cambridge 1979) |
| Theiler | Poseidonios, Die Fragmente, hrsg. von W. Theiler, I–II, Berlin – New York 1982 (Texte und Kommentare X 1–2) |
| Thesleff | Thesleff, H., Notes on the Paradise Myth in Ancient Greece, Temenos 22, 1986, 129–139 |
| Thraede[1] | Thraede, K., Erfinder II (geistesgeschichtlich), RAC V (1962) 1191–1278 |

Thraede[2]    –, Euhemerismus, RAC VI (1966) 877–890

ThWNT    Theologisches Wörterbuch zum Neuen Testament, hrsg. von R. Kittel und G. Friedrich, I–IX, Stuttgart 1933–1973

·Tkač    Tkač, Saba, RE I A (1920) 1403–1405 (νῆσοι εὐδαίμονες)

Totti    Totti, M., Ausgewählte Texte der Isis- und Sarapis-Religion, Hildesheim – Zürich – New York 1985 (Subsidia Epigraphica 12)

TrGF    Tragicorum Graecorum Fragmenta, I, ed. B. Snell, Editio correctior et addendis aucta, curavit R. Kannicht, Göttingen 1986[2]

Troiani[1]    Troiani, L., L'opera storiografica di Filone da Byblos, Pisa 1974 (Biblioteca degli Studi classici e orientali 1)

Troiani[2]    –, Commento storico al «Contro Apione» di Giuseppe. Introduzione, commento storico, traduzione e indici, Pisa 1977 (Biblioteca degli Studi classici e orientali 9)

Tullius    Tullius, F., Die Quellen des Arnobius im 4., 5. und 6. Buch seiner Schrift Adversus nationes, Diss. Berlin, Bottrop i. W. 1934

Turcan    Firmicus Maternus, L'erreur des religions païennes. Texte établi, traduit et commenté par D. Turcan, Paris 1982

Tzschucke    Tzschucke, C. H., Pomponii Melae de situ orbis libri tres cum notis criticis et exegeticis, II 3; III 3, Lipsiae 1806

Untersteiner    Untersteiner, M., I sofisti, Seconda edizione riveduta e notevolmente ampliata, I–II, Milano 1967

Urlichs    Urlichs, L., Chrestomathia Pliniana, Berlin 1857

Usener[1]    Usener, H., Epicurea, Lipsiae 1887 (Romae 1963 et Stuttgart 1966)

Usener[2]    –, Dreiheit, RhM 58, 1903, 1–47. 161–208. 321–362, denuo impr. in: –, Dreiheit. Ein Versuch mythischer Zahlenlehre, Bonn 1903 (Hildesheim 1966)

Vahlen[1]    Vahlen, J., Augustinus und Ennius' Euhemerus, Sitzungsberichte der Königl. Preußischen Akademie der Wissenschaften 1899, 276–279, denuo impr. in: –, Gesammelte philologische Schriften, II, Leipzig – Berlin 1923 (Hildesheim 1970), 533–536

Vahlen[2]    –, Ennianae poesis reliquiae, Lipsiae 1903[2] (Lipsiae 1928 et Amsterdam 1963)

Vallauri[1]    Vallauri, G., Evemero di Messene. Testimonianze e frammenti con introduzione e commento, Torino 1956 (Università di Torino, Pubblicazioni della Facoltà di Lettere e Filosofia VIII 3)

Vallauri[2]    –, Origine e diffusione dell'evemerismo nel pensiero classico, Torino 1960 (Università di Torino, Pubblicazioni della Facoltà di Lettere e Filosofia XII 5)

Verbruggen    Verbruggen, H., Le Zeus crétois, Paris 1981 (Collection d'Études Mythologiques)

VS    Die Fragmente der Vorsokratiker, hrsg. von H. Diels – W. Kranz, I[17], Dublin – Zürich 1974; II[16], Dublin – Zürich 1972

Wachsmuth    Wachsmuth, C., Dromos, RE V (1905) 1716–1717

Wächter    Wächter, Th., Reinheitsvorschriften im griechischen Kult, Gießen 1910 (RGVV IX 1)

Wagner – Petzl    Wagner, J., – Petzl, G., Eine neue Temenos-Stele des Königs Antiochos I von Kommagene, Zeitschrift für Papyrologie und Epigraphik 20, 1976, 201–223

Walbank[1]    Walbank, F. W., A Historical Commentary on Polybius, III, Oxford 1979

Walbank[2]    –, Könige als Götter. Überlegungen zum Herrscherkult von Alexander bis Augustus, Chiron 17, 1987, 365–382

Walla    Walla, M., Der Vogel Phoenix in der antiken Literatur und in der Dichtung des Laktanz, Diss. Wien 1965, Wien 1969 (Dissertationen der Universität Wien 29)

Warmington    Warmington, E. H., Remains of Old Latin, Newly Edited and Translated, I, Cambridge, Mass. – London 1935 (1967[4])

Weinreich[1]    Weinreich, O., cens. Peek, DLZ 51, 1930, 2025–2030

Weinreich[2]    –, Menekrates Zeus und Salmoneus. Religionsgeschichtliche Studien zur Psychopathologie des Gottmenschentums in Antike und Neuzeit, Stuttgart 1933 (Tübinger Beiträge zur Altertumswissenschaft 18), denuo impr. in: –, Religionsgeschichtliche Studien, Darmstadt 1968, 299–434

Weinreich[3]    –, Antiphanes und Münchhausen. Das antike Lügenmärlein von den gefrorenen Worten und sein Fortleben im Abendland, Wien 1942 (Sitzungsberichte der Akademie der Wissenschaften in Wien, Phil.-hist. Kl. 220, 4)

Wendland    Wendland, P., Die hellenistisch-römische Kultur in ihren Beziehungen zu Judentum und Christentum, Tübingen 1912[2-3] (Handbuch zum Neuen Testament I 2)

Wesseling    Diodori Siculi Bibliothecae historicae libri qui supersunt ex recensione P. Wesselingii, III, Argentorati 1798

West[1]    West, M. L., The Dictaean Hymn to the Kouros, JHS 85, 1965, 149–159

West[2]    –, Hesiod, Theogony, Edited with Prolegomena and Commentary, Oxford 1966

Wifstrand    Wifstrand Schiebe, M., Das ideale Dasein bei Tibull und die Gold-
Schiebe    zeitkonzeption Vergils, Uppsala 1981 (Studia Latina Upsaliensia 13)

Wilamowitz[1]    Wilamowitz-Moellendorff, U. von, Hellenistische Dichtung in der Zeit des Kallimachos, I–II, Berlin 1924 (Dublin – Zürich 1973[3])

Wilamowitz[2]    –, Der Glaube der Hellenen, I–II, Berlin 1931–1932 (neupaginierter Nachdruck Basel – Stuttgart 1959[3])

Willets    Willets, R. F., Cretan Cults and Festivals, London 1962

Willrich    Willrich, H., Juden und Griechen vor der makkabäischen Erhebung, Göttingen 1895

Winiarczyk[1]    Winiarczyk, M., Der erste Atheistenkatalog des Kleitomachos, Philologus 120, 1976, 32–46

Winiarczyk[2]    –, Starożytne wykazy ateistów. Próba zbadania tradycji (De atheorum catalogis apud scriptores antiquos asservatis), Classica Wratislaviensia 7, 1977, 3–92

Winiarczyk[3]    –, Diagoras von Melos – Wahrheit und Legende, Eos 67, 1979, 191–213 et 68, 1980, 51–75

Winiarczyk[4]    –, Diagorae Melii et Theodori Cyrenaei reliquiae, Leipzig 1981

Winiarczyk[5]    –, Theodoros ὁ Ἄθεος, Philologus 125, 1981, 64–94

Winiarczyk[6]    –, Wer galt im Altertum als Atheist?, Philologus 128, 1984, 157–183

Winiarczyk[7]    –, Nochmals das Satyrspiel „Sisyphos", Wiener Studien 100, 1987, 35–45

Winiarczyk[8]    –, Methodisches zum antiken Atheismus, RhM 133, 1990, 1–15
Winiarczyk[9]    –, „Euhemerus sive Sacra historia" des Ennius, RhM
Woodbury         Woodbury, L., The Date and Atheism of Diagoras of Melos, Phoenix 19, 1965, 178–211
Wunderer         Wunderer, C., Polybios-Forschungen. Beiträge zur Sprach- und Kulturgeschichte, I, Leipzig 1898 (Aalen 1969)
Wyss             Wyss, B., Doxographie, RAC IV (1959) 197–210
Zeegers-Vander   Zeegers-Vander Vorst, N., Les citations des poètes grecs chez les apo-
Vorst            logistes chrétiens du II$^e$ siècle, Louvain 1972 (Université de Louvain, Recueil de travaux d'histoire et de philologie, 4$^e$ sér. fasc. 47)
Zeller           Zeller, E., Die Philosophie der Griechen in ihrer geschichtlichen Entwicklung, II 1, Leipzig 1922$^5$; III 1, Leipzig 1909$^4$ (denuo impr. Hildesheim 1963)
Ziegler[1]       Ziegler, K., Orphische Dichtung, RE XVIII (1942) 1321–1417
Ziegler[2]       –, Panchäïa, RE XVIII 3 (1949) 493–495
Ziegler[3]       –, Firmicus Maternus, RAC VII (1969) 946–959
Ziehen           Ziehen, L., θεολόγος, RE V A (1934) 2031–2033
Zieliński        Zieliński, T., Hermes und Hermetik, ARW 9, 1906, 25–60, denuo impr. in: –, Iresione, II, Leopoli 1936 (Eus suppl. 8), 198–230
Zucker           Zucker, F., Euhemeros und seine Ἱερὰ ἀναγραφή bei den christlichen Schriftstellern, Philologus 64, 1905, 465–472
Zumschlinge      Zumschlinge, M., Euhemeros. Staatstheoretische und staatsutopische Motive, Diss. Bonn 1976

Bibliographia euhemeristica a saeculo XVII usque ad tempora nostra deducta inveniri potest in: Winiarczyk, M., Bibliographie zum antiken Atheismus, Elenchos. Rivista di studi sul pensiero antico 10, 1989, 126–144

# CONSPECTVS NOTARVM

| | | | |
|---|---|---|---|
| ac | ante correctionem | p. | pagina |
| add. | addidit | pc | post correctionem |
| adn. | adnotatio | prob. | probavit |
| ap. | apud | ras. | rasura |
| ca. | circa | scil. | scilicet |
| cett. | ceteri | s. l. | supra lineam |
| cf. | confer | sq. | sequens |
| cod., codd. | codex, codices | ss. | suprascripsit, suprascriptum |
| coll. | collato | s. v. | sub voce |
| coni. | coniecit (de lectione, quam | T | testimonium |
| | editor non in textu sed in | v. | versus |
| | apparatu collocavit) | vett. | veteres (editores, editiones) |
| corr. | correxit | vol. | volumen |
| def. | defendebat | … | verba ab editore omissa |
| del. | delevit | ( ) | voces ab editore elucidandi |
| dett. | deteriores | | sensus gratia additae |
| edd. | editiones vel editores | ⟨ ⟩ | praeter codicum fidem sup- |
| ed. pr. | editio princeps | | plenda |
| ex. | exeunte (saeculo) | { } | praeter codicum fidem de- |
| F | fragmentum | | lenda |
| in. | ineunte (saeculo) | [ ] | litterae vel voces in papyro |
| mg. | (in) margine | | vel codice supplendae |
| om. | omisit, omittunt | ạ ạ ạ | litterae in papyro incertae |

# I. De Euhemeri vita

## De tempore, quo Euhemerus vixerit

**1 A.** Callimachvs Iamb. I 9–11 (F 191 Pfeiffer)
ἐς τὸ πρὸ τείχευς ἱρὸν ἀλέες δεῦτε,
οὗ τὸν πάλαι Πάγχαιον ὁ πλάσας Ζᾶνα
γέρων λαλάζων ἄδικα βιβλία ψήχει.

**1 B.** Scholia ad Tzetz. Alleg. Iliad. IV 37 (Anecd. Oxon. III 380 Cramer; Anecd. Graec. 609 Matranga)
ὅθεν καὶ ἀλέαι αἱ ἐκκλησίαι καλοῦνται ἀπὸ τοῦ συναθροίζεσθαι ἐκεῖ,

---

**1A** v. 9–11 ap. Ps.-Plut. (T 16), Schol. Tzetz. (T 1 B), v. 9 ap. Schol. Theocr. VII 34 c
p. 88 Wendel, Et. Gud. s. v. ἅλς p. 99, 24 de Stefani, Et. Magn. 799 s. v. ἅλες p. 59, 50
Gaisford = p. 269 Lasserre-Livadaras, Et. Sorb. ap. Gaisf. Et. Magn. p. 192 (ad p. 71, 4),
Et. Symeonis 489 s. v. ἅλες p. 268 Lass.-Livad.; cf. Steph. Byz. s. v. Ἡλιαία, Herodian.
I 544, 13 Lentz (ἀλέες δεῦτε), Et. gen. 423 p. 269 Lass.-Livad., v. 10 cf. Hes. Alex. Lex.
s. v. Παγχαῖος· Ζεύς (cf. Schwabl[1] 346 sq.), Theognostus Can. in: An. Ox. II 52, 13 Cramer Παγχαῖος, v. 11 ap. Sext. (T 23), Schol. Cl. Al. (T 1 C). – (a) dieg. VI 2–4 (I 163 Pf.)
ὑποτίθεται φθιτὸν Ἱππώνακτα συγκαλοῦντα τοὺς φιλολόγους εἰς τὸ Παρμενίωνος καλού-
μενον Σαραπίδειον, cf. Pfeiffer[2] II p. XXXIX sq., aliter Rees et Herter[2] 217. vide etiam
Lauer-Picard 151 sq., Meillier 201–203, Clayman 11 sq. – (b) Iambum I Euhemero vivente compositum esse plurimi putant. solus Tarn[1] 44 sq. credebat hos versus ad Euhemerum non spectare. Rees 2 sq. et Clayman 11 adn. 2, 12 existimant poetam ad Euhemeri statuam, quae in Sarapeo collocata fuit, aludere. de statuis philosophorum et
poetarum in Sarapeo Memphitico inventis vide e. g. Schefold[1] 34–36. – (c) accurate
statui non potest, quando Iambus I compositus sit – Jacoby[1] 953, Herter[1] 426, Pfeiffer[1]
70 sq. adn. 6, Lesky 803, Herter[2] 217, Bulloch 568 sq. cf. Meillier 202 'entre 280 et 260,
avec une probabilité plus grande en faveur d'une date haute'. Iambum I a poeta sene
conscriptum esse suspicabantur Dawson 148 et Pfeiffer[2] II p. XXXIX adn. 8. aliter Beloch 586 sq. et Vallauri[1] 5 (ca. 270). – (d) de religiosa significatione vocis ἄδικος vide
Meillier 320 adn. 38. de vi vocis γέρων vide Gnilka 996–1001. Ζᾶνα: cf. T 16, 69 A–B

**1A 1** εἰς Ps.-Plut., Et. Gud. | ἱρὸν Meineke ἷρον Pap. ἱερὸν codd. | ἀλέες Schol.
Theocr., Et. Gud., Et. Sorb. ἀλέες cett. ‖ **2** πάγχαιο Pap. Παγχαῖον Bentley
χάλκεον Ps.-Plut. χάλκειον Schol. Tzetz. (ed. Cramer), Némethy χάλκιον Schol.
Tzetz. (ed. Matranga) | Ζῆνα Dawson ‖ **3** λαλάζων Pfeiffer, Dawson λαλάζωνάδι Pap.
ἀλαζών codd. | ψήχει Bentley ψῆχε Duebner ψήχων Schneider ψύχει Ps.-Plut.,
multi codd., Reiske, Némethy ψῦχε Ps.-Plut. codd. Planudei ψύχων Sext. ψύττει
Petit ξύει Toup

1

EVHEMERVS

ὡς ὁ Καλλίμαχός φησι· εἰς ... ψύχει (= T 1 A).
In codicis margine legitur: γέρων ἐστὶν ὁ ἄθεος Εὐήμερος.

**1 C.** SCHOLIA in Clem. Alex. Protr. II 24, 2 (p. 304 Stählin)
Εὐήμερον τὸν Ἀκραγαντῖνον] οὗτός ἐστιν ὁ Εὐήμερος, ὅν τινες Μεσσήνιον, οὗ μέμνηται ὁ Καλλίμαχος ἐν τοῖς χωλιάμβοις λέγων 'γέρων ἀλαζὼν ἄδικα βιβλία ψύχει'· ὃς διεβάλλετο ὡς ἄθεος.

**2.** CALLIMACHVS Hymn. in Iovem 8 sq.
'Κρῆτες ἀεὶ ψεῦσται'· καὶ γὰρ τάφον, ὦ ἄνα, σεῖο
Κρῆτες ἐτεκτήναντο· σὺ δ' οὐ θάνες, ἐσσὶ γὰρ αἰεί.

**1 C** Ἀκραγαντῖνος T 20–21. Euhemerum Agrigenti habitasse suspicatur v. d. Meer 101. Κῷος T 77. Jacoby[1] 952 cogitat de nova patria Euhemeri in regno Ptolemaeorum, similiter Fraser II 454 adn. 829. Μεσσήνιος T 1 C, 5, 10 (Messenius), 15, 22 A–B, 25, 78, cf. T 65 (ex civitate Messene). Messene in Sicilia (probabilius) aut in Peloponnese. hanc quaestionem solvi non posse recte putant Némethy[1] 4, v. Gils 12, Jacoby[1] 952, v. d. Meer 9. Τεγεάτης T 16–18. vide etiam Βεργαῖος in T 4–5 (cf. app.) ∥ **2** v. 1–2 ap. Orig. C. Cels. III 43, Epiph. Anc. 106 (I 128 Holl). Κρῆτες – θάνες ap. Athenag. Suppl. 30. καὶ – αἰεί ap. Ioan. Chrys. In ep. Pauli ad Tit. hom. 3, 1 (PG 62, 677 A). καὶ – ἐτεκτήναντο ap. Cl. Al. Protr. II 37, 4. Κρῆτες ἀεὶ ψεῦσται ap. Epimenid. VS 3 B 1 = FGrH 457 F 2; Paul. Ep. ad Tit. 1, 12; Cl.Al. Strom. I 14, 59; Orig. Hom. in Luc. 31, 13 (GCS 49, 176 Rauer²); Athenod. F 1 (FHG IV 345); Sever. In ep. Pauli ad Tit. 1, 12 sq. p. 344 Staab; Socr. Sch. HE III 16; Malalas Chr. IV p. 88 Dindorf (PG 97, 171 A). – (a) poetam ad Euhemeri placita adludere putant e.g. Némethy[1] 7, Jacoby[1] 953, Wendland 120, Geffcken[3] 573, Rohde[2] I 130sq. adn. 1, Wilamowitz[1] II 3, v.d.Meer 104 sq., Nestle[4] 411 adn. 101, Vallauri[1] 4, Thraede[2] 878, Dörrie[2] 414, Brożek 257 cum adn. 26, Meillier 202, McLennan 38. aliter Rostagni 318 adn. 37 (Call. ad Dossiadem adludit), Fraser I 295, II 457 adn. 840, cf. Rusten[2] 105 adn. 24. cf. etiam Tandy, cuius dissertationem tamen non vidi. – (b) viri docti dissentiunt, quando hymnus I compositus sit – 286/283 (i. e. Ptol. I vivente) Carrière 88–93; 12 Dystros (i. e. dies natalis Ptol. II) 285/4 vel 284/3 Clauss 159; 283/282 Eichgrün 36–39, McLennan 99; 283/280 Bulloch 550; ca. 280 Maass 345, Cahen 10 (peu postérieur à 280), v. d. Meer 11; ante 278 (i. e. ante nuptias Ptol. II et Arsinoes) Jacoby[1] 953, Herter[1] 438; ca. 275 Vallauri[1] 4; 275/270 Rostagni 282–284; post 270 Beloch 587. – (c) testimonia de Iovis sepulchro: Callim. Iamb. XII 16 (Fr. 202 Pf.); Dion. Scyt. F 31 Rusten ap. Diod. III 61, 2; Ennius Euhem. F 12 Vahlen ap. Lact. (T 69 A–B); Orac. Sib. VIII 47 sq.; Varro De litoralibus ap. Solin. Collect. rer. mem. XI 6 sq.; Cic. De nat. deor. III 53; Philod. De piet. 52 a p. 24 Gomperz; Gaetul. in AP VII 275, 6; Lucan. Phars. VIII 872; Stat. Theb. I 278 sq.; Mela De chor. II 7, 112; Ptol. Chen. Nov. hist. II 16 p. 22 Chatzis ap. Phot. Bibl. p. 147 b 37 sqq.; Tat. Or. ad Gr. 27; Theoph. Ad Autol. I 10, II 3; Athenag. Suppl. 30; Lucian. Deor. conc. 6; De sacrif. 10; Iup. trag. 45; Philops. 3; Timon 6; Acta Apoll. 22 p. 32 Knopf-Krüger; Cl. Al. Protr. II 37, 4 (I 28 Stählin); Min. Fel. Oct. 23, 13 (= 21, 8); Tert. Ad nat. II 17; Apolog. 25; Cypr. Quod idola 2; Orig. C. Cels. III 43; Cert. Hom. et Hes. p. 37 Wilam.; Philostr. Vit. soph. II 4 p. 246 Kayser²; Porph. Vit. Pyth. 17; Ps.-

2

## De Euhemeri rebus gestis

**3.** DIODORVS Bibl. hist. VI 1, 4–5 ap. EVSEB. Praep. evang. II 2, 55 sq.

Pyth. in AP VII 746; Arnob. Adv. nat. IV 14; IV 25; Eus. Praep. ev. III 10, 21; Firm.
Mat. De errore VII 6; Lact. Div. inst. I 11, 48; Commod. Instr. I 6, 16; Serv. In Verg.
Aen. VII 180; Greg. Naz. Or. V 32 (PG 35, 705 B); Caesar. Dial. 2 resp. ad interrog. 112
(PG 38, 992); Acta Acacii 2 p. 58 Knopf-Krüger; Epiph. Panar. 42, 12 (II 169 Holl);
Anc. 106 (I 128 Holl); Ps.-Clem. Hom. V 23, 2; VI 21, 2; Rec. X 23, 4; Ioh. Chrys. In
ep. Pauli ad Tit. hom. 3, 1 (PG 62, 677 A); Sever. In epist. Pauli ad Tit. 1, 12 sq. p. 344
Staab; Hier. In ep. Pauli ad Tit. 1 (PL 26, 573 A–B); Ep. 70, 2 (CSEL 54, 701); Theod.
Mops. Comment. in Acta ap. 17, 18 ap. Gannat Busamé (versio Anglica ap. Rendel
Harris[1] 310); Comm. in Pauli ep. II 242 Swete (versio Latina, non vidi); Cyr. C. Iul.
X 342 (PG 76, 1028 B); Theodoret. Interpr. ep. Pauli ad Tit. 1, 12 (PG 82, 861 B); Pau-
lin. Nol. Poema XIX 86 (PL 61, 515 A); Nonn. Dion. VIII 114–118; Anth. Lat. 432
Riese; Nonnus Abbas, Collect. et expos. hist. ad Greg. Naz. Or. II C. Iul. 30 (PG 36,
1049 D–1052 A); Ioh. Ant. Hist. Fr. 5 et Fr. 6, 4 (FHG IV 542, cf. Cramer, An. Par.
II 386 et 236); Chron. Pasch. 44 B–C (I 80 Dind. = PG 92, 164 B–C); Cosmas Hier.
Hist. ad Carm. Greg. Naz. 263 (PG 38, 504); Sync. Ecl. chron. 289 p. 179 Mossham-
mer; Isho'dad, Comment. in Acta ap. p. 29 Dunlop Gibson = Rendel Harris[3] 351 sq.;
Sedul. Scot. Collect. in ep. Pauli ad Tit. (PL 103, 244 C); Ps.-Lucian. Philop. 10; Suda
s. v. Πῆχος (IV 124 Adler); Psellus ἀναγωγὴ εἰς τὸν Τάνταλον ap. Tzetz. Alleg. Iliad.
p. 348 Boissonade; Cedren. Hist. comp. I 29 et I 31 Bekker (PG 121, 56 C et 57 D);
Schol. Callim. Hymn. in Iov. 8 (II 42 Pf.); Schol. Luc. Iupp. trag. 45 p. 78 Rabe; Comment. Bern. in Luc. Phars. VIII 872; Schol. Carm. Greg. Naz. ap. T. Gaisford, Catalo-
gus ... manuscriptorum qui ... in Bibl. Bodleiana asservantur, Oxonii 1812, 49; Eudo-
cia Viol. 414 p. 311 sq. Flach. vide H. Gelzer 77, Rohde[2] I 130 sq., Cook I 157–163,
II 940–943, III 1173, Wilamowitz[1] II 3 adn. 1, Pease 1096 sq., Spyridakis, Verbruggen
55–70. Iovis sepulcrum variis in locis monstrabatur – in montibus Ida (Varro [?],
Porph., Cyrill.), Dicte (Nonn. Dion. [?]) et Iuctas (primum Ch. Buondelmonti, qui a.
1415 Cretam visitavit, vide Cook I 158–162, Nilsson[3] 461 sq., Faure[1], Verbruggen
63–67) aut in oppido Cnosso (Ennius, Ioh. Ant. Fr. 5). testimonia de sepulchris alio-
rum deorum ap. Michaelis 85 sq., Pfister[1] 387–391. – (d) Zeus in insula Creta a Graecis cultus idem est deus qui Minoicis temporibus quotannis moriebatur et renascebа-
tur (i. e. Velchanos [Cook II 946–948, III 1042, Nilsson[3] 550 sq.], cf. Hes. Al. s. v.
Γελχάνος· ὁ Ζεὺς παρὰ Κρησίν). vide e. g. Kern[3] I 68–70, Nilsson[3] 541–554, Wilamowitz[2] I 133 sq., Nilsson[4] I 319–324, Laager 156–194, Willets 250 sq., West[1] 154 sq.,
West[2] 291, Dietrich 15–17, 239. aliter Marinatos, Verbruggen 69 sq. 220–222, cf. Jung-
Kerényi 71–78. – (e) illud Κρῆτες ἀεὶ ψεῦσται iam ab Epimenide ipso iunctum esse
in Theogonia cum fabula de Iovis morte et sepulchro credebant Wilamowitz, Euripides Hippolytos, Berlin 1891, 224 adn. 1 et Maass 345 sq. (cf. Wilamowitz[1] II 3), sed eorum sententiam non acceperunt Kuiper[1] 105 adn. 1 et Jacoby[3] III b 2, 197 adn. 161.
opinionem supra allatam alio argumento confirmare studuit Rendel Harris (= RH)[1]
310 sq., RH[2] 336 sq., RH[3] 348 sq., cui adstipulati sunt e. g. Nicklin et Dibelius 26–28.
quam sententiam iure tamen reiecerunt Gressmann, Powell, Pohlenz[2] 101–104, Ver-

3

Εὐήμερος μὲν οὖν φίλος γεγονὼς Κασσάνδρου τοῦ βασιλέως
(317/6–298/7) καὶ διὰ τοῦτον ἠναγκασμένος τελεῖν βασιλικάς τινας
χρείας καὶ μεγάλας ἀποδημίας, φησὶν ἐκτοπισθῆναι κατὰ τὴν μεσημβρίαν εἰς τὸν ὠκεανόν· ἐκπλεύσαντα γὰρ αὐτὸν ἐκ τῆς εὐδαίμονος
Ἀραβίας ποιήσασθαι τὸν πλοῦν δι' ὠκεανοῦ πλείους ἡμέρας καὶ προσ- 5
ενεχθῆναι νήσοις πελαγίαις· ὧν μίαν ὑπάρχειν τὴν ὀνομαζομένην Παγχαίαν, ἐν ᾗ τεθεᾶσθαι τοὺς ἐνοικοῦντας Παγχαίους εὐσεβείᾳ διαφέρον-
τας καὶ τοὺς θεοὺς τιμῶντας μεγαλοπρεπεστάταις θυσίαις καὶ
ἀναθήμασιν ἀξιολόγοις ἀργυροῖς τε καὶ χρυσοῖς. εἶναι δὲ καὶ τὴν
νῆσον ἱερὰν θεῶν καὶ ἕτερα πλείω θαυμαζόμενα κατά τε τὴν ἀρχαιό- 10
τητα καὶ τὴν κατασκευῆς πολυτεχνίαν, περὶ ὧν τὰ κατὰ μέρος ἐν ταῖς
πρὸ ταύτης βίβλοις ἀναγεγράφαμεν (cf. Diod. V 42, 3–46, 7).

## II. Quid antiqui de Euhemero iudicaverint

### De Euhemero geographo

**4.** STRABO Geograph. I 3, 1

οὐδὲ τοῦτ' εὖ Ἐρατοσθένης, ὅτι ἀνδρῶν οὐκ ἀξίων μνήμης ἐπὶ πλέον

---

bruggen 63. vide etiam Kern[1] 176 sq. et Courcelle 405–407. – (f) de Cretibus mendaci-
bus scribunt etiam Ovid. Ars amat. I 298, Tert. De anima 10, Zenob. IV 62 (Corp. Par.
Gr. I 101), AP VII 654, 1–2, Hes. Al. s.v. κρητίζειν, Suda s.v. κρητίζειν (III 187 Adler).
vide RH[1] et McLennan 35–38 ‖ 3 (a) de Euhemeri navigatione cf. T 5, 15. de Panchaia
vide app. ad T 31. Euhemerum Cassandri iussu iter fecisse putant e.g. Sieroka 28,
Droysen 22 adn. 1, Susemihl I 316 adn. 33, v. Gils 14, Salin 279 adn. 5, Tarn[1] 45 sq.,
Taeger I 396, Fraser I 292, Griffiths 379, Giangrande[1] 25, Giangrande[2] 123, Hani 133.
quam opinionem tamen reiecerunt Block 6, Jacoby[1] 953, Herter[1] 426, Thraede[2] 878,
Braunert[2] 66 adn. 109. – (b) nec de Euhemeri anno natali nec de eius morte testimo-
nia quidquam nobis suppeditant. quare omni fundamento carent opiniones eorum, qui
credunt Euhemerum vixisse ca. a. 340–260 (Némethy[1] 5, Susemihl I 317 adn. 36,
Giangrande[2] 123) vel ca. a. 330–240 (Block 6). – (c) Euhemerum philosophis cum
Cassandro coniunctis (Theophrastum, Demetrium, Dicaearchum dico) adnumerandum esse arbitrantur Tarn[1] 24 sq. 46, Polet 54 sq., Festugière[1] II 192, Braunert[2] l.c.;
Giangrande[2] 124; cf. Salin l.c. et Weinreich[2] 14 sq. (Euh. 'Hofphilosoph'). – (d) 7 cf.
Dion. Scyt. (FGrH 32 F 7 = F 6 Rusten[2]) ap. Diod. III 56, 2 Ἀτλάντιοι ... πολλῇ μὲν εὐ-
σεβείᾳ ... δοκοῦσι διαφέρειν ‖ 4 de Euhemero mendace scribunt Eratosthenes (T 4–5),
Apollodorus (T 6), Strabo (T 7 A–B), Plutarchus (T 15). Euhemero autem fidem tribuunt Polybius (T 5) et Diodorus

---

3 1 μὲν om. O | τοῦ om. ONV ‖ 2–3 τινας – ἀποδημίας] τινας καὶ μεγ. χρ. ἀπο-
δημίας A[ac] τ. καὶ μεγ. χρ. ἀποδημίαι (dat.) A[pc]H ‖ 3 ἀποτοπισθῆναι A ‖ 8 καὶ
τούς] τοὺς δὲ B | τιμῶντες B ‖ 9 καὶ² om. B ‖ 11 πολυτεχνίαν ⟨ἔχειν⟩ Jacoby ‖ 4 1 τοῦτ'
⟨ὅτι⟩ a

μέμνηται (...) ὁ δὲ Δαμάστῃ χρώμενος μάρτυρι (FGrH 5 T 7) οὐδὲν διαφέρει τοῦ καλοῦντος μάρτυρα τὸν Βεργαῖον {ἢ τὸν Μεσσήνιον} Εὐ-ήμερον καὶ τοὺς ἄλλους, οὓς αὐτὸς εἴρηκε (scil. Ἐρατοσθένης) δια-
5 βάλλων τὴν φλυαρίαν. καὶ τούτου δ' ἕνα τῶν λήρων αὐτὸς λέγει, τὸν μὲν Ἀράβιον κόλπον λίμνην ὑπολαμβάνοντος εἶναι (...)
5. POLYBIVS Hist. XXXIV 5 ap. STRAB. II 4, 2
πολὺ δέ φησι (scil. Πολύβιος) βέλτιον τῷ Μεσσηνίῳ πιστεύειν ἢ τούτῳ (scil. Πυθέᾳ)· ὁ μέντοι γε εἰς μίαν χώραν τὴν Παγχαίαν λέγει πλεῦσαι· ὁ δὲ καὶ μέχρι τῶν τοῦ κόσμου περάτων κατωπτευκέναι τὴν προσάρκτιον τῆς Εὐρώπης πᾶσαν, ἣν οὐδ' ἂν τῷ Ἑρμῇ πιστεῦσαι τις
5 λέγοντι. Ἐρατοσθένη (I B 7 Berger) δὲ τὸν μὲν Εὐήμερον Βεργαῖον καλεῖν, Πυθέᾳ δὲ πιστεύειν (F 7a Mette), καὶ ταῦτα δὲ μήτε Δικαι-άρχου πιστεύσαντος (F 111 Wehrli).

**6.** STRABO Geograph. VII 3, 6
οὐ θαυμαστὸν δ' εἶναι (scil. φησὶν Ἀπολλόδωρος) περὶ Ὁμήρου· καὶ γὰρ τοὺς ἔτι νεωτέρους ἐκείνου πολλὰ ἀγνοεῖν καὶ τερατολογεῖν (...) ἀπὸ δὲ τούτων ἐπὶ τοὺς συγγραφέας βαδίζει (scil. Ἀπολλόδωρος) Ῥι-παῖα ὄρη λέγοντας καὶ τὸ Ὠγύιον ὄρος καὶ τὴν τῶν Γοργόνων καὶ
5 Ἑσπερίδων κατοικίαν (Hecataeus Mil. FGrH 1 F 194) καὶ τὴν παρὰ Θεοπόμπῳ Μεροπίδα γῆν (FGrH 115 F 75), παρ' Ἑκαταίῳ δὲ Κιμμε-ρίδα πόλιν (Hecataeus Abd. FGrH 264 F 8), παρ' Εὐημέρῳ δὲ τὴν Παγχ⟨α⟩ίαν γῆν (...)

---

5 τούτου sc. Damastae (FGrH 5 T 8), Euhemero falso vindicavit Casaubonus, cf. Berger 43–47 et Némethy[1] 75 ‖ 5 Euhemerus ludibrii causa Bergaeus vocatur. Steph. Byz. s. v. Βέργη· πόλις Θράκης... ἐξ ἧς ὁ Βεργαῖος Ἀντιφάνης ... ἀφ' οὗ καὶ παροιμία βεργαΐζειν ἀντὶ τοῦ μηδὲν ἀληθὲς λέγειν. cf. Strabo II 3, 5 (Βεργαῖον διήγημα), Alexis, Hesione POxy 1081, 50–55 ap. Weinreich[3] 130 (Βεργαῖον ὕθλον), Scymnus (GGM I 221), Marcianus (GGM I 565). de Antiphane: Knaack, Weinreich[3] 10–44. 123–131. vide etiam Wunderer 101–103 (Βεργαῖον falso refert ad Dicaearchum), Kassel 55 sq., Walbank[1] 591 sq. ‖ 6 Apollodorus FGrH 244 F 157 a. vide Rusten[2] 113–115

2 ὁ δὲ om. a    οὐδὲ C ‖ 3 ἢ τὸν Μεσσήνιον del. Bernhardy, Meineke, Berger 42 adn. 3, Sbordone prob. Némethy[1] 75, Jacoby[1] 952, Jones, Aujac ‖ 5 τούτου Casaubonus τούτων AWBv τοῦτο Cs Ald, Xylander | τὸν λῆρον ACWBvs^{pc} ‖ 5 1 δέ Ald δή ACWBvs ‖ 3 καταπλευκέναι B[1] καταπεπλευκέναι B[2] ‖ 4 τῆς Εὐρώπης] Εὐρώπην B Ald, Casaubonus, Siebenkees ‖ 6 μηδὲ Meineke, Némethy ‖ 6 3 ῥειπέα AC ῥιπέα B ‖ 4 ὠγύιν C ὤγνεν 1 Ὠγύγιον ik, Xylander, Corais ‖ 8 Παγ-χ⟨α⟩ίαν Xylander

**7 A.** STRABO Geograph. II 3, 5

οὐ πολὺ οὖν ἀπολείπεται ταῦτα (i. e. quae de Eudoxi navigatione circum Africam traduntur) τῶν Πυθέου (F 5 Mette) καὶ Εὐημέρου καὶ Ἀντιφάνους ψευσμάτων. ἀλλ᾽ ἐκείνοις μὲν συγγνώμη, τοῦτ᾽ αὐτὸ ἐπιτηδεύουσιν, ὥσπερ τοῖς θαυματοποιοῖς· τῷ δ᾽ ἀποδεικτικῷ καὶ φιλοσόφῳ (scil. Ποσειδωνίῳ), σχεδὸν δέ τι καὶ περὶ πρωτείων ἀγωνιζο- 5 μένῳ, τίς ἂν συγγνοίη; ταῦτα μὲν οὖν οὐκ εὖ.

**7 B.** CHREST. STRAB. II 8 (GGM II 536)

ὅτι Πυθέας καὶ Εὐήμερος καὶ Ἀντιφάνης ψεῦσται γεωγράφοι.

### De Euhemero historico

**8.** DIODORVS Bibl. hist. VI 1, 3 ap. EVSEB. Praep. evang. II 2, 54

περὶ δὲ τῶν ἐπιγείων θεῶν πολλοὶ καὶ ποικίλοι παραδέδονται λόγοι παρὰ τοῖς ἱστορικοῖς τε καὶ μυθογράφοις· καὶ τῶν μὲν ἱστορικῶν Εὐήμερος, ὁ τὴν Ἱερὰν Ἀναγραφὴν ποιησάμενος, ἰδίως ἀναγέγραφεν, τῶν δὲ μυθολόγων Ὅμηρος καὶ Ἡσίοδος καὶ Ὀρφεὺς καὶ ἕτεροι τοιοῦτοι τερατωδεστέρους μύθους περὶ θεῶν πεπλάκασιν· ἡμεῖς δὲ τὰ παρ᾽ ἀμ- 5 φοτέροις ἀναγεγραμμένα πειρασόμεθα συντόμως ἐπιδραμεῖν, στοχαζόμενοι τῆς συμμετρίας.

---

7 A Posidonius F 49 Edelstein-Kidd (I 74) = F 13 Theiler (I 34) = FGrH 87 F 28. vide Aly 112 sq., Laffranque, Theiler II 25 sq. ‖ 8 cf. T 25 ἑτέρους δὲ λέγουσι ἐπιγείους γενέσθαι θεούς et T 69 A *(hoc certe non poetae tradunt, sed antiquarum rerum scriptores).* – (a) Ἱερὰ ἀναγραφή T 8, 63, 77 (ἐν τῷ τρίτῳ τῆς Ἱ. ἀ.) = Ἱερὸς λόγος (T 76). Norden[3] 85 adn. 1 comparat Ἱ. ἀ. cum Manethonis opere q. i. Ἱερὰ βίβλος. cf. etiam Hecat. (FGrH 264 F 25) ap. Diod. I 31, 7; 43, 6; 63, 1 ἐν ταῖς ἱεραῖς ἀναγραφαῖς. – (b) quando Ἱ. ἀ. conscripta sit, viri docti dissentiunt: 310–301 Gigon 83, cf. Ogilvie 55 (quarto saeculo a. Chr. n. exeunte); 303–290 Tarn[1] 45 sq.; ca. 300 Ribbeck 46, Dörrie[1] 219, Finley 8; ca. 290 Sieroka 29, v. Gils 15, v. d. Meer 12; ca. 280 Jacoby[1] 953, Geffcken[3] 572, Bethe 318, Kern[3] III 119, Pfister[2] 295 sq., Thraede[2] 878, Stern 53; 280/270 Bertelli 200 sq.; ca. 270 Vallauri[1] 5, cf. Beloch 586; 270–260 Griset 65; post 270 Otto II 274 adn. 2. – (c) modernae translationes tituli Ἱ.ἀ. 'die Heilige Aufzeichnung, Schrift' Jacoby[1] 953 sq., Thraede[2] 877 sq.; 'die Heilige Aufzeichnung' Lesky 875, Kytzler 61; 'die Heilige Schrift' Bethe 318 sq., Brown[2] 66 ('the Sacred Writing'); 'die Heilige Geschichte' Reitzenstein[3] 17, Rupprecht 350, Wilamowitz[2] II 270, West[2] 13 et Ogilvie 56 ('the Sacred History'); 'die Heilige Urkunde' Ribbeck 46, Hirzel[2] 391, Rohde[1] 237, Kaerst 181, Bichler 187; 'die Heilige Chronik' Susemihl I 317, Pöhlmann, Warmington 414 et Cole ('the Sacred Chronicle'); 'der Heilige Bericht' Gigon 83; 'the Sacred Record' Fraser I 289, Henrichs[4] 148; 'die Heilige Inschrift' Gruppe 17, Salin 220, Nestle[4] 409, Ferguson 104 ('the Sacred Inscription'), Block ('L'inscription sacrée')

7A 5 δέ τι] δ᾽ ἔτι A ‖ 8 2 τε om. A | ἱστοριῶν B ‖ 3 ἀνέγραψε BGNV ‖ 5 παρ᾽] πρός O

## 9. MINUCIVS FELIX Octavius 21, 1–2

*lege historicorum scripta vel scripta sapientium: eadem mecum recognosces. ob merita virtutis aut muneris deos habitos Euhemerus exsequitur et eorum natales patrias sepulcra dinumerat et per provincias monstrat, Dictaei Iovis et Apollinis Delphici et Phariae Isidis et Cereris*
5 *Eleusiniae. Prodicus adsumptos in deos loquitur, qui errando inventis novis frugibus utilitati hominum profuerunt. in eandem sententiam et Persaeus philosophatur et adnectit inventas fruges et frugum ipsarum repertores isdem nominibus, ut comicus sermo est Venerem sine Libero et Cerere frigere* (Terent. Eun. 732).

**9** *ob merita virtutis aut muneris deos habitos ... utilitati hominum profuerunt*] cf. T 25 διὰ δὲ τὰς εἰς ἀνθρώπους εὐεργεσίας, T 26 δι᾽ εὐεργεσίαν, T 28 *(ob virtutem qua profuerant hominum generi ... aut ob beneficia et inventa quibus humanam vitam excoluerant)*, T 35 τὰς εἰς ἀνθρώπους εὐεργεσίας, T 49 ἐπιεικῆ τινα ἄνδρα καὶ εὐεργετικόν, T 93 *(ob beneficium quod ex frugum copia nascebatur)*. – (a) mortales beneficiorum causa deorum in numerum relatos esse multi putabant. vide e. g. Hecat. (FGrH 264 F 25) ap. Diod. I 13, 1 ὑπάρξαντας μὲν θνητούς, διὰ δὲ σύνεσιν καὶ κοινὴν ἀνθρώπων εὐεργεσίαν τετευχότας τῆς ἀθανασίας; Persaeus (SVF I 448) ap. Cic. De nat. deor. I 38 *eos esse habitos deos a quibus aliqua magna utilitas ad vitae cultum esset inventa, ipsasque res utiles et salutares deorum esse vocabulis nuncupatas*; Dion. Scyt. (FGrH 32 F 7 = F 6 Rusten²) ap. Diod. III 56, 5 διά τε τὰς εὐεργεσίας ... ἀθανάτους τιμὰς ἀπονεῖμαι (scil. τῷ Οὐρανῷ); (F 8 = F 12 Rusten²) ap. Diod. III 73, 3 τοὺς ἀνθρώπους εὐεργετῶν τεύξεται (scil. Διόνυσος) τῆς ἀθανασίας; Cic. De nat. deor. II 62 *suscepit autem vita hominum consuetudoque communis, ut beneficiis excellentis viros in caelum fama ac voluntate tollerent*; Aët. Plac. I 6, 15 (p. 296 sq. Diels) ap. Ps.-Plut. 880 D (= SVF II 1009) τὸ διὰ τὰς εἰς τὸν κοινὸν βίον εὐεργεσίας ἐκτετιμημένον ἀνθρώπινον δὲ γεννηθέν, ὡς Ἡρακλέα ὡς Διοσκόρους ὡς Διόνυσον; Philo Bybl. (FGrH 790 F 1) ap. Eus. Praep. ev. I 9, 29 θεοὺς ἐνόμιζον μεγίστους τοὺς τὰ πρὸς τὴν βιωτικὴν χρείαν εὑρόντας ἢ κατά τι εὖ ποιήσαντας τὰ ἔθνη; alia testimonia ap. Pease 262 sq. 699 sq. vide Zeller III 1, 325 sq., Norden² 36 sq., Spoerri¹ 189–195, Thraede¹ 1219–1221, Henrichs² 110 sq. adn. 65. – (b) de Prodico et Euhemero vide T 14, 23. de euhemerismo in Prodici placitis occurrente: Nestle¹ 556–558, Joël 694, Kleingünther 111 cum adn. 27, Deichgräber 928, Pohlenz¹ I 96 sq., II 55, Thraede¹ 1220, Nilsson⁴ II 284, Henrichs² 115–121, Winiarczyk¹ 38 sq., Rusten² 102–105, Henrichs⁴ 140–152; aliter Effe 177–180, cf. Guthrie 240 adn. 3. de Prodici doctrina religiosa vide e. g. Nestle² 160–163, Nestle³ 353–355, Untersteiner II 16–18, 30–33, Guthrie 238–242, Henrichs² 107–123, Gallistl 49–52, Henrichs³. – (c) de ratione inter Prodicum et Persaeum intercedente vide Philod. PHerc 1428 col. II 28–III 13 (ed. Henrichs, CronErc 4, 1974, 13 sq. = Henrichs² 116) = De piet. p. 75

**9 1** *historicorum* Daniel coll. Lact. Div. inst. V 4, 6 *stoicorum* P, def. Rigaltius, Davisius, Abel (RhM 110, 1967, 268 sq.), Paratore ‖ **2** *Euhemerus* Gelenius *erueret* P ‖ **4** *dicta etiovis* ex *dicta eiiovis* P | *delfices fariae* P¹ *delfi et pariae* P² ‖ **5** *prodigus* P, corr. Rigaltius

**10.** LACTANTIVS Epit. div. inst. 13, 1–3

*sed omittamus sane poetas: ad historiam veniamus, quae simul et rerum fide et temporum nititur vetustate. Euhemerus fuit Messenius, antiquissimus scriptor, qui de sacris inscriptionibus veterum templorum et originem Iovis et res gestas omnemque progeniem collegit; item ceterorum deorum parentes patrias actus imperia obitus, sepulcra etiam persecutus est.* quam 5 *historiam vertit Ennius in Latinam ⟨linguam⟩, cuius haec verba sunt: haec, ut scripta sunt, Iovis fratrumque eius stirps atque cognatio: in hunc modum nobis ex sacra scriptione traditum est.*

Gomperz (SVF I 448, VS 84 B 5) Περσα[ῖος δὲ] δῆλός ἐστιν [ἀναιρῶν] ὄντῳ[ς κ]α[ὶ ἀφανί]ζων τὸ δαιμόνιον ἢ μηθὲν ὑπὲρ αὐτοῦ γινώσκων, ὅταν ἐν τῶι Περὶ θεῶν μὴ [ἀπ]ίθανα λέγηι φαίνεσθαι τὰ περὶ ⟨τοῦ⟩ τὰ τρέφοντα καὶ ὠφελοῦντα θεοὺς νενομίσθαι καὶ τετειμῆσθ[αι] πρῶτον ὑπὸ [Προ]δίκου γεγραμμένα, μ[ε]τὰ δὲ ταῦτα τοὺ[ς εὑρ]όντας ἢ τροφὰς ἢ [σ]κέπας ἢ τὰς ἄλλας τέχνας ὡς Δήμητρα καὶ Δι[όνυσον] καὶ τοὺ[ς Διοσ-κούρ]ου[ς... cf. libros in (b) allatos et Kaerst 186 sq., H. J. Mette, Lustrum 21, 1978, 98. – (d) de ratione inter stoicos et Euhemerum intercedente vide e. g. Jacoby[1] 970, Pohlenz[1] I 97, Thraede[2] 881, Babut[1] 377. 463 sq.; falso Hirzel[1] II 76 (Persaeus ab Euhemero pendet). – (e) non Euhemerum sed Leonem Pellaeum de Iside scripsisse putant v. d. Meer 109 et Vallauri[1] 48 sq. – (f) de Iove Dictaeo: Cook II 927–931, Willets 207–218, Schwabl[1] 298 sq., Schwabl[2] 1450 sq. ‖ **10** *haec – traditum est* Ennius F 3 Vahlen[2], cf. Pasquali 42–45. – (a) de Ennii translatione vide T 10, 12–14, 21, 28, 51 A, 54, 62, 65, 69 A, 83. – (b) titulus versionis Ennianae: *Sacra historia* T 51 B, 54, 57, 62, 64 B, 69 A, *Historia sacra* T 64 A, 66, 75 A, *Euhemerus* T 51 A, cf. T 59 *(historia, quam vestri etiam sacram vocant)* et T 10, 54 *(nobis ex sacra scriptione traditum est)*. Sacram scriptionem verum titulum fuisse putabant Jacoby[1] 954 et 955 (aliter Jacoby[3] I A, 309), F. Skutsch 2601, Kappelmacher 93, Fraser II 451 adn. 819, sed eorum sententiam alii recte reiecerunt, e. g. Rupprecht 350 sq., Bolisani 105, Warmington 414, v. d. Meer 77, Vallauri[1] 10, Winiarczyk[9], cf. Pasquali 46 'Sacra scriptio è, credo, una variante intenzionale di *sacra scriptura*.' Riese 448 sq. comparat *Historiam sacram* cum *Historia communi* Lutatii. viri docti dissentiunt, quando versio Enniana facta sit: 201–184 Novara 90 sq. 120. 160; ca. 200–ca. 194 Winiarczyk[9]; 189–181 Bolisani 25 sq.; ante 184 O. Skutsch 3 et 6; ante 181 Garbarino II 304. – (c) Ennii translationem versibus compositam esse putabant e. g. Krahner 40, Block 111, L. Müller 113, Némethy[1] 21, Breysig 424, Vahlen[2] CCXXIV, Warmington, Ogilvie 56, Gratwick 157 sq., alii tamen rectius arbitrantur Ennium oratione soluta usum esse: Ganß 11, v. Gils 67–77, F. Skutsch 2600 sq., Jacoby[1] 955 sq., Hache, Pasquali 47–53, Leo 202–204, Norden[1] 374–377, Kappelmacher 93, Bolisani 119, Krug[1], Krug[2], v. d. Meer 73–75, Fraenkel, Laughton, Vallauri[1] 6–8, Grilli 109–112, Fraser II 451 adn. 819, Mariotti 273, Winiarczyk[9]. – (d) de Lactantii fontibus vide app. ad T 83 (Varro) et Ogilvie 57 ('an *Aratea* commentary'), Gratwick 158 ('a prose version intended for use as a schoolbook'), aliter Vahlen[2] LXXXVIII ('Ennii librum ... usurpasse credi oportet')

**10** 6 *Latinam ⟨linguam⟩* Davisius    *Latinum* Heumann

**11.** AVGVSTINVS De civitate Dei VI 7

*quid de ipso Iove senserunt, qui eius nutricem in Capitolio posuerunt?*
*nonne adtestati sunt Euhemero, qui omnes tales deos non fabulosa garruli-*
*tate, sed historica diligentia homines fuisse mortalesque conscripsit?*

**12.** AVGVSTINVS De civitate Dei VII 27

*istos vero deos selectos videmus quidem clarius innotuisse quam ceteros,*
*non tamen ut eorum inlustrarentur merita, sed ne occultarentur opprobria;*
*unde magis eos homines fuisse credibile est, sicut non solum poeticae litte-*
*rae, verum etiam historicae tradiderunt. nam quod Vergilius ait* (Aen.
5 VIII 319 sq.):

> *primus ab aetherio venit Saturnus Olympo,*
> *arma Iovis fugiens et regnis exul ademptis*

*et quae ad hanc rem pertinentia consequuntur, totam de hoc Euhemerus*
*pandit historiam, quam Ennius in Latinum vertit eloquium; unde quia plu-*
10 *rima posuerunt, qui contra huius modi errores ante nos vel Graeco sermone*
*vel Latino scripserunt, non in eo mihi placuit inmorari.*

**13.** AVGVSTINVS De consensu evangelistarum I 23, 32

*sed numquid etiam ille Euhemerus poeta fuit, qui et ipsum Iovem et Sa-*
*turnum patrem eius et Plutonem atque Neptunum fratres eius ita planissime*
*homines fuisse prodit, ut eorum cultores gratias magis poetis agere debe-*
*ant, quia non ad eos dehonestandos, sed potius ad exornandos multa fin-*
5 *xerunt? quamvis et ipsum Euhemerum ab Ennio poeta in Latinam lin-*
*guam esse conversum Cicero commemoret* (cf. T 14). *numquid et ipse*
*Cicero poeta fuit, qui eum, cum quo in Tusculanis disputat, tamquam se-*
*cretorum conscium admonet dicens* (Tusc. I 29): *'si vero scrutari vetera et*
*ex eis quae scriptores Graeciae prodiderunt eruere coner, ipsi illi maiorum*

---

**11–13** cf. T 59, 94. vide Némethy[1] 25–27, Vahlen[1], Némethy[4] 125–127, Schelkle
147–150, Nailis, Hagendahl II 396 sq. Ennii *Euhemerum* ab Augustino non lectum esse
recte putabant Némethy[1] 27 et Némethy[4] 126 (Aug. libro nobis ignoto usus est), Vahlen[1] 534 (Aug. e Cicerone et Lactantio sumpsit), Nailis 87 sq. (Aug. commentarium
quoddam ad Vergilii carmina adhibuit), cf. Leo 203 adn. 1 et Schelkle 150 ‖ **12** cf. T 94
et Aug. De cons. evang. I 23, 34 *quid dicunt de Saturno? quem Saturnum colunt? nonne ille*
*est, qui primus ab Olympo venit arma Iovis fugiens et regnis exul ademptis?* vide app. ad
T 58 (de Saturni fuga) ‖ **13** cf. app. ad T 25 (d)

**11** 2 *euemero* **CK** (ras.), **Badel** ‖ **12** 1 *vidimus* **C** ‖ 6 *aethereo* **B** v ‖ **13** 1 *numquid*]
*num* **N**[1] *si* **A**[1]**EL**γ │ *omerus* **RTD** *homerus* **N**[2]**H**[2]**A**[2]**U**ω pr ***emerus* **O** ‖ 4 *ex-*
*hortandos* **Dr** ‖ 5 *omerum* **RTD** *homerum* **H**[2]**A**[2]**U**ω pr ***emerum* **O** ‖ 8 *conscium*
om. **CPF**[1] ‖ 9 *maiorum*] *malorum* **B** *maiores* **N**[2] **E**[2] γ

*gentium di hinc a nobis profecti in caelum reperientur.* quaere, quorum de- 10
monstrentur sepulchra in Graecia, reminiscere, quoniam es initiatus, quae
tradantur mysteriis, tum denique, quam hoc late pateat, intelliges.' hic certe
istorum deos homines fuisse satis confitetur, in caelum autem pervenisse
benevole suspicatur, quamquam et hunc honorem opinionis ab hominibus
eis esse delatum non dubitavit publice dicere, cum de Romulo loqueretur 15
(...) quid igitur mirum est, si hoc fecerunt antiquiores homines de Iove et
Saturno et ceteris, quod Romani de Romulo, quod denique iam recentiori-
bus temporibus etiam de Caesare facere voluerunt?

*De Euhemero esse deos negante*

**14.** CICERO De natura deorum I 118–119
*quid Prodicus Cius, qui ea quae prodessent hominum vitae deorum in*

14–23 de atheorum catalogis vide Hirzel[1] 38–41, Diels 58 sq., Schwenke 58–61,
Reinhardt 28–32, Némethy[1] 14–16, Schmekel 103 sq., v. Gils 96–104, Cropp 12–15,
Philippson 23–26, v. d. Meer 101–103, Vallauri[1] 46–49, Jacoby[4] 15 sq. 36 adn. 91 a,
Thraede[2] 880 sq. 883 sq., Winiarczyk[1], Winiarczyk[2], Winiarczyk[7] 38–42. atheorum ca-
talogi apud scriptores antiquos asservati ap. Winiarczyk[6] 182 adn. 9. Euhemerus ἄθεος
etiam in T 1 B–C, 19–20, 22 B, 23, 27, cf. Winiarczyk[6] 171. de vi vocis ἄθεος et
ἀθεότης vide e. g. Harnack, Stauffer, Fahr 15–17, cf. Winiarczyk[8] || **14** cf. Cic. De nat.
deor. III 53 *dicamus igitur, Balbe, oportet contra illos etiam, qui hos deos ex hominum genere in caelum translatos non re sed opinione esse dicunt, quos auguste omnes sancteque vene-
ramur* (vide Solmsen, Pease 1092, Girard 120 sqq.). de Prodico cf. T 9 (v. app.), 23. de
versione Enniana vide app. ad T 10. – (a) Ennium non unum Euhemerum sed hunc
praeter ceteros secutum esse contendit Vahlen[2] CCXXI, cf. Némethy[1] 26, Bolisani 120.
at locutionem *praeter ceteros* significare alios Euhemeri sectatores recte putabant Riese
450 (Q. Lutatius Catulus in Communi historia), F. Skutsch 2600, Lenchantin de Gubernatis[1] 426, Garbarino II 289 sq. vide etiam Johnston 60. – (b) Euhemeri opus non solum ab Ennio sed etiam ab aliis scriptoribus in linguam Latinam translatum esse nullo
iure existimabant v. d. Meer 75 et Vallauri[1] 8. – (c) Ciceronem Euhemero potius quam
eius interprete usum esse credebat Vahlen[2] LIII, sed haec sententia nullo argumento
confirmari videtur (cf. v. Gils 66). – (d) atheorum indicem (Cic. I 117–119) e Clitomacho pendere putabant e. g. Hirzel[1] 39, Diels 58, v. Gils 99, Zucker 468, Zeller III 1, 523
adn. 2, v. d. Meer 102, Guthrie 236 adn. 1, Winiarczyk[1] 35 sq. (intercedente Philone), e
Posidonio autem sumptum esse falso arbitrantur Schwenke 58–61, Schmekel 103 sq.,
Heinemann II 153–155

10 *dii* **BRTCPF** p *dii qui habentur* multi codd., edd. | *repperiuntur* **RTD** || 11 *quon-
iam*] *quem* **CP** | *es* om. **A**[1] **LSU**[1] g *est* **RDHA**[2] || 12 *traduntur* **RTDCPS** g | *my-
steriis* om. **CP** | *intelligis* **CPAEL** || 16 *homines* om. **RT** || 17 *quod*[2]] *quid* **HA**[1]**EL** ||
**14** 1 *Prodicus* edd. *prodigus* codd. | *Cius* Marsus *chius* **O** *chiuis* **AHNBFM** | *pro-
dissent* **N**

*numero habita esse dixit, quam tandem religionem reliquit? quid qui aut
fortis aut claros aut potentis viros tradunt post mortem ad deos pervenisse,
eosque esse ipsos quos nos colere precari venerarique soleamus, nonne ex-*
5 *pertes sunt religionum omnium? quae ratio maxime tractata ab Euhemero
est, quem noster et interpretatus est et secutus praeter ceteros Ennius; ab
Euhemero autem et mortes et sepulturae demonstrantur deorum; utrum igitur hic confirmasse videtur religionem an penitus totam sustulisse?*

**15.** Plvtarchvs De Iside et Osiride 23 p. 359 E–360 B

ὀκνῶ δέ, μὴ τοῦτ' ᾖ τὰ ἀκίνητα κινεῖν καὶ 'πολεμεῖν οὐ τῷ πολλῷ
χρόνῳ' – κατὰ Σιμωνίδην (F 138 Page) – μόνον, 'πολλοῖς δ'
ἀνθρώπων ἔθνεσι' καὶ γένεσι κατόχοις ὑπὸ τῆς πρὸς τοὺς θεοὺς τούτους ὁσιότητος, οὐδὲν ἀπολιπόντας ἐξ οὐρανοῦ μεταφέρειν ἐπὶ γῆν
5 ὀνόματα τηλικαῦτα καὶ τιμὴν καὶ πίστιν ὀλίγου δεῖν ἅπασιν ἐκ
πρώτης γενέσεως ἐνδεδυκυῖαν ἐξιστάναι καὶ ἀναλύειν, μεγάλας μὲν τῷ
ἀθέῳ Λέοντι κλισιάδας ἀνοίγοντας {καὶ} ἐξανθρωπίζοντι τὰ θεῖα, λαμ-
πρὰν δὲ τοῖς Εὐημέρου τοῦ Μεσσηνίου φενακισμοῖς παρρησίαν διδόν-
τας, ὃς αὐτὸς ἀντίγραφα συνθεὶς ἀπίστου καὶ ἀνυπάρκτου μυθολογίας
10 πᾶσαν ἀθεότητα κατασκεδάννυσι τῆς οἰκουμένης, τοὺς νομιζομένους
θεοὺς πάντας ὁμαλῶς διαγράφων εἰς ὀνόματα στρατηγῶν καὶ ναυάρχων καὶ βασιλέων ὡς δὴ πάλαι γεγονότων, ἐν δὲ Πάγχοντι γράμμασι χρυσοῖς ἀναγεγραμμένων, οἷς οὔτε βάρβαρος οὐδεὶς οὔθ' Ἕλλην,
ἀλλὰ μόνος Εὐήμερος, ὡς ἔοικε, πλεύσας εἰς τοὺς μηδαμόθι γῆς γεγο-
15 νότας μηδ' ὄντας Παγχώους καὶ Τριφύλλους ἐντετύχηκε.

15 de Leone Pellaeo vide T 21 (v. app.). – (a) Plutarchum Euhemeri opus non le-
gisse viri docti consentiunt, e.g. Némethy[1] 12 sq., v.d. Meer 108, Vallauri[1] 48, Griffiths
380. – (b) 1 τὰ ἀκίνητα κινεῖν] proverbium illud etiam ap. Herod. VI 134, Pl. Leg.
III 684 E, 842 E, Theaet. 181 A, Eus. Praep. ev. IV 1, 3

2 habitam A[1]NOB[1] ‖ 4 solemus N ‖ 5 heuhemero A[2]NB[1]  heu homero B[2]  heumero A[1]  hemero F[1] ‖ 6 est et secutus Plasberg  est et s. est B[1]  et s. est A[2]HNOB[2]FM
est s. A[1] ‖ 7 heuhemero A[1]GB[2]F  heumero N ‖ 15 4 ἀπολείποντας Sieveking ǀ ⟨τοῦ⟩
ἐξ Baxter ‖ 7 Λέοντι Pohlenz, Schwartz, Sieveking, Pfister[2] 291, Griffiths, Rusten[1]
199 adn. 10 λαῷ ε  λεῷ O del. Holwerda  λεῷ Jacoby, Cilento, Babut[1] 377
adn. 2, Hani 134 adn. 7 ǀ del. Pohlenz ǀ ἐξανθρωπίζοντες v  -ας Markland, Jacoby ‖
8 δὲ om. E ‖ 11 ⟨μεταγαγὼν⟩ εἰς ὄνομα Hirzel[2] 395 adn. 3 ǀ ὀνόματα Baxter  ὄνομα Ω ‖
12 πάγχοντα v  Παγχαία Xylander  Παγχῷα τινι Baxter ‖ 13 ἀναγεγραμμένοις Ω
corr. Xylander ǀ οὐθεὶς v ‖ 15 Παγχ⟨αίους καὶ Δ⟩ῴους coni. Jacoby ǀ τρυφύλους v ǀ ἐντετύχηκε Reiske  ἐντετύχοι v  ἐντετυχήκει O, Jacoby

**16.** AETIVS Placita I 7, 1 p. 297 sq. Diels ap. Ps.-PLVTARCHVM Plac. philosophorum 880 D–E (= EVSEBIVS Praep. evang. XIV 16, 1) ἔνιοι τῶν φιλοσόφων, καθάπερ Διαγόρας ὁ Μήλιος καὶ Θεόδωρος ὁ Κυρηναῖος καὶ Εὐήμερος ὁ Τεγεάτης, καθόλου φασὶ μὴ εἶναι θεούς· τὸν δ᾽ Εὐήμερον καὶ Καλλίμαχος ὁ Κυρηναῖος αἰνίττεται ἐν τοῖς Ἰάμβοις γράφων· 'εἰς... ψήχει' (= T 1 A).

**17 A.** THEODORETVS Graecarum affectionum curatio II 112 ἀναγνωστέον δὲ οὐ μόνον τὰ τῶν ἱερῶν ἀποστόλων μαθήματα, ἀλλὰ καὶ τὰ τῶν θείων προφητῶν θεσπίσματα. οὕτω γάρ τις καὶ τῆς παλαιᾶς καὶ τῆς καινῆς θεολογίας τὴν ξυμφωνίαν ὁρῶν, θαυμάσεται τὴν ἀλήθειαν καὶ φεύξεται μὲν Διαγόρου τοῦ Μιλησίου καὶ τοῦ Κυρηναϊκοῦ Θεοδώρου καὶ Εὐημέρου τοῦ Τεγεάτου τὸ ἄθεον· τούτους γὰρ 5 ὁ Πλούταρχος ἔφησε (T 16) μηδένα νενομικέναι θεόν.

16 Diagoras T 47 Winiarczyk⁴, Theodorus T 35 Winiarczyk⁴ = T 17 Giannantoni. – (a) versionem Arabicam cum translatione Germanica edidit Daiber 114 sq. hoc opus ex Graeco in Arabicum a Quṣta ibn Lūqā (820–912) translatum est (Kitāb al-ārā' al-ṭabīʿya, Fihrist I 254 Flügel = II 611 Dodge) et nonnullis scriptoribus Arabicis notum erat (cf. Diels 27 sq., Badawi 114 sq.). de viro illo docto vide Daiber 3–15. – (b) Aëtium (ca. 100 p. Chr. n.) e scriptore Epicureo hausisse putabat Diels 58 sq., quem secuti sunt e. g. Némethy¹ 14 sq., Susemihl I 322 adn. 64, v. Gils 99 sq., v. d. Meer 101 sq., Philippson 26, Jacoby⁴ 36 adn. 91 a, Winiarczyk¹ 43. ab Aëtio sumpsit Ps.-Plutarchus, ab eo autem Eusebius et Ps.-Galenus. Epicureum, qui primo a. Chr. n. saec. exeunte vixit, opere quodam Clitomachi usum esse recte contendit Diels l. c., similiter Némethy¹, v. Gils, Zucker 468 sq., Vallauri¹ 46, Winiarczyk¹ 44 sq. aliter Philippson (florilegium illud Epicureum ab Epicuro ipso originem ducit). – (c) Euhemerus una cum Theodoro aliquoties citatur (T 16, 17 A–B, 18, 20–21, 23). qua de causa nonnulli putabant Euhemerum pertinere ad scholam Cyrenaicam (Ganß 17, Kan 32, Mullach 431 sqq., Zeller II 1, 342 sq.). quam opinionem alio argumento confirmare studuit Zieliński 51. de coniectura a F. Nietzsche in D. L. II 97 proposita vide Falsa 10 b. Euhemerum tamen Cyrenaicorum sectae nullo modo adnumerandum esse recte existimant e. g. Block 138–141, Némethy¹ 6, v. Gils 103 sq., Jacoby¹ 968, Rohde¹ 241 adn. 1, Joël 948 adn. 2, Winiarczyk⁵ 92. – (d) de Diagora vide Jacoby⁴, Woodbury, Winiarczyk³, de Theodoro autem v. Fritz, Krokiewicz 195–206, Winiarczyk⁵ ‖ **17 A** Diagoras T 48 Winiarczyk⁴, Theodorus T 36 Winiarczyk⁴ = T 25 Giannantoni. atheorum indicem Theodoretus ex Eusebio hausit (Diels 10 et 48)

16 1 Μήλιος Diels e Ps.-Galeno (T 18) Μιλήσιος Ω, Eusebius, Theodoretus (T 17 A–B) ‖ 2 Κυρηναϊκὸς Eusebius ‖ 4 γράφων – ψήχει om. Eusebius ‖ 17A 2 τῶν θείων προφητῶν τὰ K θείων om. C ‖ καὶ² om. S ‖ 3 τῆς om. K ‖ καινῆς] νέας S ‖ 4–5 τοῦ Μιλησίου – Θεοδώρου om. C ‖ μηλισίου K ‖ κυρηναίου S ‖ 5 τοῦ Τεγεάτου om. C τεγαιάτου S ‖ 6 νενοηκέναι S

**17 B.** THEODORETVS Graec. affect. cur. III 4

οὔκουν μόνοι γε ἄθεοι Διαγόρας ὁ Μιλήσιος καὶ ὁ Κυρηναῖος Θεόδωρος καὶ Εὐήμερος ὁ Τεγεάτης καὶ οἱ τούτοις ἠκολουθηκότες, παν-
τάπασι φάντες μὴ εἶναι θεούς, ὡς ὁ Πλούταρχος ἔφη (Τ 16), ἀλλὰ
καὶ Ὅμηρος καὶ Ἡσίοδος καὶ αἱ τῶν φιλοσόφων ξυμμορίαι, παμ-
5 πόλλους μὲν θεῶν μυθολογήσαντες ὁρμαθούς, ἀνδραποδώδεις δέ τινας
καὶ παθῶν ἀνθρωπίνων ἀποφήναντες δούλους.

**18.** Ps.-GALENVS Historia philosopha 35 p. 617 sq. Diels

ὅσα κατ' ἀρχὰς περὶ θεῶν λέγοντες παραλελοίπαμεν, ταῦτα νῦν ἐροῦ-
μεν. τοὺς μὲν τῶν πρότερον πεφιλοσοφηκότων εὕροιμεν ⟨ἂν⟩ θεοὺς
ἠγνοηκότας, ὥσπερ Διαγόραν τὸν Μήλιον καὶ Θεόδωρον τὸν Κυρηναῖον καὶ Εὐήμερον τὸν Τεγεάτην· οὐ γὰρ εἶναι θεοὺς εἰπεῖν τετολμήκα-
5 σιν.

**19.** THEOPHILVS ANTIOCHENVS Ad Autolycum III 7

ὁπόσα δὲ Κλιτόμαχος ὁ Ἀκαδημαϊκὸς περὶ ἀθεότητος εἰσηγήσατο. τί
δ' οὐχὶ καὶ Κριτίας καὶ Πρωταγόρας ὁ Ἀβδηρίτης λέγων (VS 80 B 4)·
'εἴτε γάρ εἰσιν θεοί, οὐ δύναμαι περὶ αὐτῶν λέγειν, οὔτε ὁποῖοί εἰσιν
δηλῶσαι· πολλὰ γάρ ἐστιν τὰ κωλύοντά με'; τὰ γὰρ περὶ Εὐημέρου
5 τοῦ ἀθεωτάτου περισσὸν ἡμῖν καὶ λέγειν. πολλὰ γὰρ περὶ θεῶν τολμήσας φθέγξασθαι ἔσχατον καὶ τὸ ἐξόλου μὴ εἶναι θεούς, ἀλλὰ τὰ
πάντα αὐτοματισμῷ διοικεῖσθαι βούλεται. (...) τίνι οὖν αὐτῶν πιστεύ-
σωμεν, Φιλήμονι τῷ κωμικῷ λέγοντι·

---

**17 B** Diagoras T 49 Winiarczyk[4], Theodorus T 37 Winiarczyk[4] = T 25 Giannantoni ‖
**18** Diagoras T 52 Winiarczyk[4], Theodorus T 38 Winiarczyk[4] = T 18 Giannantoni. Ps.-
Galenum pendere a Ps.-Plutarcho luce clarius est (Diels 12–17) ‖ **19** (a) Theophilus e
florilegio quodam atheorum indicem hausisse videtur (Diels 59, id., Eine Quelle des
Stobäus, RhM 30, 1875, 172–181; Winiarczyk[7] 42). florilegium illud a Clitomacho
pendere putabant Némethy[1] 15, v. Gils 99, v. d. Meer 110, Grant 184, Vallauri[1] 46,
Wyss 205, Zeegers-Vander Vorst 135 adn. 4. – (b) de placitis Euhemero falso attributis
vide Diels 59 adn. 1, Némethy[1] 15 sq., Jacoby[1] 964, v. d. Meer, Grant. – (c) de Protago-
rae verbis vide e. g. Cropp 14, Untersteiner I 55–57, 67–70, C. W. Müller 148–159

**17 B** 1 οὔκε S ‖ ὁ Μιλήσιος om. **MC** ὁ μηλίσιος **K** ὁ Μήλιος Ursinus ‖ κυρηναϊ-
κός S ‖ θεόδωρος ὁ κυρηναῖος **MC** ‖ 2 ὁ Τεγεάτης om. **MC** ‖ παντάπασι] πάντες πᾶσι
S ‖ 3 εἶναι] τὸν S ‖ 3-4 ἀλλὰ καὶ Ὅμηρος] ὅμηρος δὲ **MC** ‖ 4 αἱ om. **KMC** ‖ 5 δέ
om. **MC** ‖ 6 ἀνθρωπείων S ‖ ἀπέφηναν **MC** ‖ **18** 1 λέγονται **B** ‖ 2 τοὺς μὲν τῶν προ-
τέρων φιλοσοφηκότων εὕροιμεν **A** τοὺς τὸ πρότερον φιλοσοφήσαντας εὕρομεν **B**
corr. Diels addito ἂν ‖ 3 ὡς περιαγόραν τὸν ἥλιον **A** ὥσπερ ἀγόραν τὸν ἥδιον **BN**
corr. Diels ‖ 4 εὕηρον τὸν αἰγεάτην **B**

οἱ γὰρ θεὸν σέβοντες ἐλπίδας καλὰς
ἔχουσιν εἰς σωτηρίαν (F 181),                                    10
ἢ οἷς προειρήκαμεν Εὐημέρῳ καὶ Ἐπικούρῳ καὶ Πυθαγόρᾳ καὶ τοῖς
λοιποῖς ἀρνουμένοις εἶναι θεοσέβειαν καὶ πρόνοιαν ἀναιροῦσιν;

**20.** CLEMENS ALEXANDRINVS Protrepticus II 24, 2 (I 18 Stählin)
ὧν δὴ χάριν – οὐ γὰρ οὐδαμῶς ἀποκρυπτέον – θαυμάζειν ἔπεισί μοι
ὅτῳ τρόπῳ Εὐήμερον τὸν Ἀκραγαντῖνον καὶ Νικάνορα τὸν Κύπριον
καὶ Διαγόραν καὶ Ἵππωνα τὼ Μηλίω τόν τε Κυρηναῖον ἐπὶ τούτοις
ἐκεῖνον – {ὁ} Θεόδωρος ὄνομα αὐτῷ – καί τινας ἄλλους συχνούς,
σωφρόνως βεβιωκότας καὶ καθεωρακότας ὀξύτερόν που τῶν λοιπῶν 5
ἀνθρώπων τὴν ἀμφὶ τοὺς θεοὺς τούτους πλάνην, ἀθέους ἐπικεκλήκα-
σιν, εἰ καὶ τὴν ἀλήθειαν αὐτὴν μὴ νενοηκότας, ἀλλὰ τὴν πλάνην γε
ὑπωπτευκότας, ὅπερ οὐ σμικρὸν εἰς ἀλήθειαν φρονήσεως ζώπυρον
ἀναφύεται σπέρμα.

**21.** ARNOBIVS Adversus nationes IV 29
*et possumus quidem hoc in loco omnis istos, nobis quos inducitis atque ap-
pellatis deos, homines fuisse monstrare vel Agragantino Euhemero repli-
cato, cuius libellos Ennius, clarum ut fieret cunctis, sermonem in Italum
transtulit, vel Nicagora Cyprio vel Pellaeo Leonte vel Cyrenensi Theodoro*

---

**20** Diagoras T 63 Winiarczyk[4], Theodorus T 42 Winiarczyk[4] = T 24 Giannantoni,
Hippo VS 38 A 8. – (a) de Clementis fontibus nihil certi dici potest. – (b) qua de
causa Clemens antiquos scriptores atheismi opprobrio liberaverit, explicare studet Winiarczyk[5] 89, Winiarczyk[8] 4 ‖ **21** Leo FGrH 659 T 2 b, Theodorus T 43 Winiarczyk[4] =
T 22 Giannantoni, Diagoras T 64 Winiarczyk[4]. – (a) Arnobium e Clemente hausisse
putabant e.g. Röhricht 23 sq., Geffcken[2] 288, Kroll[3] 110, Rapisarda 54–55, Sitte 1–20.
aliter Tullius 96–98. – (b) de Leone cf. T 15. Euhemerum a Leone pendere intercedente Hecataeo credebant Jacoby[1] 968 sq., Jacoby[2] 2759, Geffcken[4] 2012, v. d. Meer
133. quam opinionem iure reiecerunt Pfister[2], Spoerri[2], Fraser II 458 adn.828, Rusten[1]
197. Leo 'Pellaeus' vocatur, quod idem erat atque 'Aegyptius' (Tullius 98 adn. 243,
Sitte 13), cf. Serv. Verg. Georg. IV 287 *(Pellaei Canopi)*, Comm. Bern. Lucan. V 60 *(Pellaeo diademate)* et VIII 607 *(Pellaeusque puer)*, Tert. De corona 7 *(Leonis Aegyptii).* falso
Pfister[2] 296 sq. (Leo Pel. = Alexander Magnus) et Rusten[1] (Leo Pel. = Leo ex civitate
Pella oriundus, auctor operis)

**20** 3 τὼ Μηλίω Münzel  τοὺς Μηλίους Bergk (cf. *Meliis* ap. Arnob. T 21)  τὸν
μήλιον P ‖ Ἵππωνα καὶ Διαγόραν τὸν Μήλιον Diels  Διαγόραν τὸν Μήλιον καὶ Ἵππωνα Tullius 98 ‖ 4 ὁ del. Dindorf  ᾧ Heyse ‖ 7 ἀλήθειαν Sylburg  ἀληθείας P
ἀληθοῦς Markland  καὶ ss. M[2] ‖ **21** 4 *Nicagora* P Reifferscheid, Tullius 98, Marchesi,
Winiarczyk[4] 76 adn. 244  *Nicanore* Meursius, Kroll[4], Gisinger 363, Sitte 11 | *pelleo* P

5 *vel Hippone ac Diagora Meliis vel auctoribus aliis mille, qui scrupulosae diligentiae cura in lucem res abditas libertate ingenua protulerunt.*

**22 A.** AELIANVS Varia historia II 31

καὶ τίς οὐκ ἂν ἐπήνεσε τὴν τῶν βαρβάρων σοφίαν; εἴ γε μηδεὶς αὐτῶν εἰς ἀθεότητα ἐξέπεσε, μηδὲ ἀμφιβάλλουσι περὶ θεῶν ἆρά γέ εἰσιν ἢ οὐκ εἰσιν, καὶ ἆρά γε ἡμῶν φροντίζουσιν ἢ οὔ. οὐδεὶς γοῦν ἔννοιαν ἔλαβε τοιαύτην οἵαν Εὐήμερος ὁ Μεσσήνιος ἢ Διογένης ὁ Φρὺξ ἢ 5 Ἵππων ἢ Διαγόρας ἢ Σωσίας ἢ Ἐπίκουρος οὔτε Ἰνδὸς οὔτε Κελτὸς οὔτε Αἰγύπτιος.

**22 B.** EVSTATHIVS Comment. ad Hom. Odyss. γ 381 (I 134)

εἰ δὲ ἐν τοῖς ὕστερον ἄθεοι ἀπέβησαν Διαγόρας ὁ Μιλήσιος καὶ Εὐήμερος ὁ Μεσσήνιος καὶ Διογένης ὁ Φρὺξ καὶ Ἵππων καὶ Σωσίας καὶ Ἐπίκουρος, διδότωσαν εὐθύνας ὁποίας οὐκ ἂν ἀλωτὸς εἴη Ὅμηρος.

**23.** SEXTVS EMPIRICVS Adversus mathematicos IX 50–52

τῶν οὖν περὶ ὑπάρξεως θεοῦ σκεψαμένων οἱ μὲν εἶναί φασι θεόν, οἱ δὲ μὴ εἶναι, οἱ δὲ μὴ μᾶλλον εἶναι ἢ μὴ εἶναι. καὶ εἶναι μὲν οἱ πλείους τῶν δογματικῶν καὶ ἡ κοινὴ τοῦ βίου πρόληψις, μὴ εἶναι δὲ οἱ ἐπικληθέντες ἄθεοι, καθάπερ Εὐήμερος

---

22 A Hippo VS 38 A 8, Diagoras T 60 Winiarczyk[4], Diogenes Phryx = D. Apolloniates VS 64 A 3 (cf. Winiarczyk[2] 62–66, falso Babut[2] 143 adn. 4 = D. Sinopensis). – (a) de Aeliani fontibus nihil certi dici potest. – (b) antiquis scriptoribus noti tamen erant populi cognomine ἀθέων praediti, e. g. Καλλαϊκοί (Strabo III 4, 16), Σῆρες (Orig. C. Cels. VII 62–64), Θῶες vel Ἀκροθωῖται (Theophr. De piet. F 3 Pötscher = L 91 Fortenbaugh ap. Porph. De abst. II 8; Simplic. In Epict. Ench. 38 p. 222 C–223 A [IV 357 Schweighaeuser = p. 222 Dübner]). cf. Cic. De nat. deor. I 62 *(equidem arbitror multas esse gentes sic immanitate efferatas, ut apud eas nulla suspicio deorum sit)* et Plut. De comm. not. 31 p. 1075 A ‖ **22 B** Diagoras T 61 Winiarczyk[4], Hippo VS 38 A 8. de Diogene vide app. ad T 22 A. Eustathius videtur pendere ab Aeliano ‖ **23** Diagoras T 57 Winiarczyk[4], Theodorus T 41 Winiarczyk[4] = T 23 Giannantoni. de Prodici placitis cf. T 9 (v. app.), 14 et Sext. Adv. math. IX 18. – (a) Sextum atheorum indicem (IX 50–58) e Clitomacho hausisse recte putant Hirzel[1] 37, Diels 58, Hartfelder 232–234, Zeller III 1, 523 adn. 2, Winiarczyk[1] 34 sq. Sextum autem pendere a Posidonio credebant Schmekel 103 sq., Susemihl II 710 adn. 203, Heinemann II 104. falso quoque existimabant v. Gils 99 et v. d. Meer 102 Sextum Ciceronis opere usum esse (vide Winiarczyk[7] 39 adn. 20). – (b) καὶ ἄλλοι παμπληθεῖς] cf. T 21 *auctoribus aliis mille* – hyperbolice dicitur

5 ippone P | scrupulosae P ‖ 22 A 2 περὶ] ὑπὲρ gab[mg] ‖ 3 γε om. V ‖ 4 ὁ εὐήμερος V ‖ 23 1 οὖν] νῦν E

15

γέρων ἀλαζών, ἄδικα βιβλία ψήχων (= T 1 A),  5
καὶ Διαγόρας ὁ Μήλιος καὶ Πρόδικος ὁ Κεῖος καὶ Θεόδωρος καὶ ἄλλοι
παμπληθεῖς· ὧν Εὐήμερος μὲν ἔλεγε τοὺς νομιζομένους θεοὺς δυνατούς τινας γεγονέναι ἀνθρώπους καὶ διὰ τοῦτο ὑπὸ τῶν ἄλλων θεοποιηθέντας δόξαι θεούς, Πρόδικος (VS 84 B 5) δὲ τὸ ὠφελοῦν τὸν
βίον ὑπειλῆφθαι θεόν, ὡς ἥλιον καὶ σελήνην καὶ ποταμοὺς καὶ λίμνας  10
καὶ λειμῶνας καὶ καρποὺς καὶ πᾶν τὸ τοιουτῶδες.

## De Euhemero poeta
### 24. Colvmella Res rustica IX 2–4
*atque ea quae Hyginus fabulose tradita de originibus apium non intermisit,
poeticae magis licentiae quam nostrae fidei concesserim. nec sane rustico
dignum est sciscitari fueritne mulier pulcherrima specie Melissa, quam Iuppiter in apem convertit, an ut Euhemerus poeta dicit crabronibus et sole ge-
nitas apes, quas nymphae Phryxonides educaverint, mox Dictaeo specu Io-*  5
*vis extitisse nutrices, easque pabula munere dei sortitas, quibus ipsae
parvom educaverunt alumnum. ista enim quamvis non dedeceant poetam
et uno tantummodo versiculo leviter attigit Vergilius cum sic ait:*
*Dictaeo caeli regem pavere sub antro* (Georg. IV 152).
*sed ne illud quidem pertinet ad agricolas, quando et in qua regione primum*  10
*natae sunt, utrum in Thessalia sub Aristaeo, an in insula Cea, ut scribit*

**24** locum respexit Boccaccio, Geneal. deor. gent. XI 1 (II 534 Romano) ‖ 3 de Melissa vide Lact. Div. inst. I 22, 19–20, cf. Neustadt 44 sqq., Schwabl² 1215 sq. ‖ 4 *Euhemerus poeta*] cf. Crusius 63 sq. 'Columella … Euhemeri testimonium non excerpsit ex
Ennii libello, quem neque per nomen citat usquam neque ad manus habuit, sed e
docta Hygini disputatione transtulit: ubi cum plerosque auctores poetas esse videret,
etiam Euhemerum Musarum thiaso inseruit', cui adstipulantur e. g. Vahlen² CCXXII,
Némethy⁴ 128, v. Gils 114, Vallauri¹ 7. apes nasci e bubulo corpore putrefacto putabant
e. g. Varro De re rust. II 5, 5, III 16, 4, Verg. Georg. IV 280 sqq., Ovid. Met. XV
361 sqq., cf. Olck, Biene, RE III (1897) 434 sq. ‖ 5 antiqui dissentiebant, quo loco Iuppiter natus esset. vide e. g. Cook I 148–154, Marinatos 910–916 (in Arcadia), Faure²
94–99, Hölscher 72–75, West² 290–293, Schwabl² 1210–1214

6 κῖος ς ‖ 10 καὶ λίμνας om. LE ς ‖ **24** 3 *melissam* S A ‖ 4 *Euhemerus* multi codd.,
Josephson 152 *heuhemerus* vl *hemerus* ag *homerus* mozcdqüǫnx¹ *eo homerus* s
*Euenus* Sévin, Kan 44 adn. 1, Sieroka 23, Vahlen² CCXXII adn. *Eumelus* Schneider ‖
5 *Phryxonides* Gesner *phruxonides* S *phrusxonides* A | *specu Iovis*] *specuio quis* S A¹ ‖
6 *eaque* coni. Némethy ‖ **6.** 7 *ipsa et arvom* S A ‖ 7 *educaverant* R plerique | *de-
ceant* S¹ *doceant* A ‖ 11 *sint* R aliquot, Jacoby, Forster-Heffner

*Euhemerus, an Erechthei temporibus in monte Hymetto, ut Euphronius, an Cretae Saturni temporibus, ut Nicander.*

## III. Quid Euhemerus de deis senserit

**25.** Diodorvs Bibl. hist. VI 1, 1–2 ap. Evseb. Praep. evang. II 2, 52–53

ταῦτα ὁ Διόδωρος ἐν τῇ τρίτῃ τῶν ἱστοριῶν (c. 56–61 = FGrH 32 F 7). ὁ δ᾽ αὐτὸς καὶ ἐν τῇ ἕκτῃ ἀπὸ τῆς Εὐημέρου τοῦ Μεσσηνίου γραφῆς ἐπικυροῖ τὴν αὐτὴν θεολογίαν, ὧδε κατὰ λέξιν φάσκων· περὶ θεῶν τοίνυν διττὰς οἱ παλαιοὶ τῶν ἀνθρώπων τοῖς μεταγενεστέροις πα-
5 ραδεδώκασιν ἐννοίας. τοὺς μὲν γὰρ ἀιδίους καὶ ἀφθάρτους εἶναί φα-σιν, οἷον ἥλιόν τε καὶ σελήνην καὶ τὰ ἄλλα ἄστρα τὰ κατ᾽ οὐρανόν, πρὸς δὲ τούτοις ἀνέμους καὶ τοὺς ἄλλους τοὺς τῆς ὁμοίας φύσεως τούτοις τετευχότας· τούτων γὰρ ἕκαστον ἀίδιον ἔχειν τὴν γένεσιν καὶ τὴν διαμονήν· ἑτέρους δὲ λέγουσιν ἐπιγείους γενέσθαι θεούς, διὰ δὲ
10 τὰς εἰς ἀνθρώπους εὐεργεσίας ἀθανάτου τετευχότας τιμῆς τε καὶ δόξης, οἷον Ἡρακλέα, Διόνυσον, Ἀρισταῖον, τοὺς ἄλλους τοὺς τούτοις ὁμοίους.

---

25–28 cf. T 9–14, 23 ‖ 25 cf. T 8. – (a) Euhemerum de duobus deorum generibus scripsisse multi putabant: Sieroka 11, Block 64, Zeller II 1, 377 adn. 2, Jacoby[1] 964, Wendland 120, Lenchantin de Gubernatis[2] 96, Kaerst 193 sq. adn. 6, Tarn[1] 24, Kern[2] III 122, Festugière[1] II 193, Vallauri[1] 11. 50, Taeger I 396, Vallauri[2] 9 sq., Nilsson[4] II 287, Nock, CR 76, 1962, 51 adn. 3, Garbarino II 295. 302, Zumschlinge 125 sq. adn. 3, Henrichs[4] 151 cum adn. 52. nonnulli tamen hanc opinionem reiciebant, quia Diodorus narrabat deos caelestes et terrenos etiam ab Aegyptiis et Aethiopibus coli (Hirzel[2] 395 adn. 3, Langer 56–59, Spoerri[1] 190, Thraede[2] 878. 880, Fraser I 291, cf. Cole 156 sq.), cf. Hecat. (FGrH 264 F 25) ap. Diod. I 13, 1 περὶ μὲν οὖν τῶν ἐν οὐρανῷ θεῶν καὶ γένεσιν ἀίδιον ἐσχηκότων τοσαῦτα λέγουσιν Αἰγύπτιοι. ἄλλους δ᾽ ἐκ τούτων ἐπιγείους γενέσθαι φασίν, ὑπάρξαντας μὲν θνητούς, διὰ δὲ σύνεσιν καὶ κοινὴν ἀνθρώ-πων εὐεργεσίαν τετευχότας τῆς ἀθανασίας, ὧν ἐνίους καὶ βασιλεῖς γεγονέναι κατὰ τὴν Αἴγυπτον, cf. I 11. Diod. III 9, 1 περὶ δὲ θεῶν οἱ μὲν ἀνώτερον Μερόης οἰκοῦντες

12 euemerus **z ä** euhemerius **p** heuhemerus **v** euhomerus **ωqnx**[1] homerus **cdüϙ** euchemetrus **i** euhemetrus **w** euhumerus **ju** ‖ Erechthei Schneider erecthei **S A** ‖ Eu-phronius Pontedera, Jacoby coll. Var. De re rust. I 1,8 et Plin. NH I 11 euthronius **S A** Némethy, Forster-Heffner euponius **R** plerique ‖ 13 neander **ä** meander **R** plerique menander **ü** ‖ 25 3 κατὰ λέξιν ὧδε **A** ‖ 4 τὰς μεταγενεστέρας δεδώκασιν **ONV** ‖ 5–6 εἶναί φασιν οἷον] φασιν **A** ‖ 6 τε om. **ONV** ‖ τὰ κατ᾽ οὐρανόν ἄστρα **ONV** ‖ 7 τούτοις om. **O** ‖ 8 ἀίδιον] ἴδιον **A** ἰδίαν **A**[1] **H** ‖ 10 ἀθανάτου om. **D** ‖ τετυχηκότας **ONV** ‖ 11. 12 τοι-ούτους ὁμοίους **OV** τοιούτους ὁμοίως **DN**

**26.** IOANNES MALALAS Chronographia II p. 54 Dindorf (PG 97, 129 A)

περὶ ὧν (scil. θεῶν) ἐν ταῖς συγγραφαῖς αὐτοῦ λέγει καὶ ὁ Διόδωρος (VI 2) ὁ σοφώτατος ταῦτα, ὅτι ἄνθρωποι γεγόνασιν οἱ θεοί, οὕστινας οἱ ἄνθρωποι ὡς νομίζοντες δι᾽ εὐεργεσίαν ἀθανάτους προσηγόρευον. τινὰς δὲ καὶ ὀνομάτων προσηγορίας ἐσχηκέναι καὶ κρατήσαντας χώρας.                                                                                                                 5

---

ἐννοίας ἔχουσι διττάς. ὑπολαμβάνουσι γὰρ τοὺς μὲν αὐτῶν αἰώνιον ἔχειν καὶ ἄφθαρτον τὴν φύσιν, οἷον ἥλιον καὶ σελήνην καὶ τὸν σύμπαντα κόσμον, τοὺς δὲ νομίζουσι θνητῆς φύσεως κεκοινωνηκέναι καὶ δι᾽ ἀρετὴν καὶ κοινὴν εἰς ἀνθρώπους εὐεργεσίαν τετευχέναι τιμῶν ἀθανάτων. vide etiam Philo Bybl. (FGrH 790 F 1) ap. Eus. Praep. ev. I 9, 29 (Cole 157 adn. 29). cf. Varro (F 32 Cardauns) ap. Serv. Verg. Aen. VIII 275 *Varro dicit deos alios esse qui ab initio certi et sempiterni sunt, alios qui inmortales ex hominibus facti sunt.* – (b) quomodo Eusebius libro Diodori usus sit, explicare studet Bounoure. – (c) de origine cultus solis, lunae et astrorum vide Nilsson[2]. – (d) homines pro deis culti: e. g. Varro ap. Aug. De civ. Dei XVIII 14 (Ino, Melicertes, Castor, Pollux) et ap. Serv. Verg. Aen. VIII 275 (Faunus, Amphiareus, Tyndareus, Castor, Pollux, Liber, Hercules); Scaevola (= Varro, Curio fr. V Cardauns) ap. Aug. De civ. Dei IV 27 (Hercules, Aesculapius, Castor, Pollux); Cic. De nat. deor. III 39 (Alabandus, Tennes, Ino, Palaemon, Hercules, Aesculapius, Tyndaridae), cf. II 62 et De leg. II 19; Dion. Hal. Ant. Rom. VII 72 (Hercules, Aesculapius, Castor, Pollux, Helena, Pan); Hor. Epist. II 1, 5 sq. (Romulus, Liber, Castor, Pollux); Sil. It. Pun. XV 78–83 (Hercules, Liber, Castor, Pollux, Quirinus); Aët. Plac. I 6,15 (p. 297 Diels) ap. Ps.-Plut. 880 C (= SVF II 1009) (Hercules, Castor, Pollux, Dionysus); Athenag. Suppl. 29 (Hercules, Aesculapius, Castor, Pollux, Amphiareus, Ino, Palaemon); Hyg. Fab. 224 *(qui facti sunt ex mortalibus immortales)*; Cl. Al. Protr. II 26, 7 (Castor, Pollux, Hercules, Aesculapius), cf. Strom. I 21, 105, 3; Min. Fel. Oct. 27, 2 (Castores, Aesculapius, Hercules); Orig. C. Cels. III 22 (Castor, Pollux, Hercules, Aesculapius, Dionysus), cf. III 42, VII 53; Arnob. Adv. nat. III 39 (Hercules, Romulus, Aesculapius, Liber, Aeneas), cf. I 41, II 74; Lact. Div. inst. I 15, 5–6 (Hercules, Castor, Pollux, Aesculapius, Liber), cf. I 15, 23. 26; Theodor. Gr. aff. cur. III 26–30 (Hercules, Aesculapius, Castor, Pollux, Dionysus). vide Elter 40, 7–40, 9, Geffcken[2] 225 sq., Pease 700 sq., Cerfaux – Tondriau 457–459 ‖ **26** Némethy[2] 13 ʻultima verba pertinere videntur ad peregrinationes Iovis, quem quinquies terras circumeuntem varia accepisse cognomina testantur Hist. sacr. fr. XXIV–XXIXʼ. vide Chron. Pasch. 44 B–C (I 80 Dindorf = PG 92, 164 B–C) ἐνθάδε κεῖται θανὼν Πῖκος ὁ καὶ Ζεύς, ὃν καὶ Δία καλοῦσι. περὶ οὗ συνεγράψατο Διόδωρος ὁ σοφώτατος χρονογράφος, ὃς καὶ ἐν τῇ ἐκθέσει τοῦ συγγράμματος αὐτοῦ τοῦ Περὶ θεῶν εἶπεν ὅτι Ζεὺς ὁ τοῦ Κρόνου υἱὸς ἐν τῇ Κρήτῃ κεῖται. cf. Ioh. Ant. Chron. apud Cramer, Anecd. Par. II 236

**26** 3.4 ⟨θεούς⟩. τινὰς Wesseling

TESTIMONIA

**27.** Sᴇxᴛᴠs Eᴍᴘɪʀɪᴄᴠs Adv. mathem. IX 17

Εὐήμερος δὲ ὁ ἐπικληθεὶς ἄθεός φησιν· ὅτ' ἦν ἄτακτος ἀνθρώπων
βίος, οἱ περιγενόμενοι τῶν ἄλλων ἰσχύι τε καὶ συνέσει ὥστε πρὸς τὰ
ὑπ' αὐτῶν κελευόμενα πάντας βιοῦν, σπουδάζοντες μείζονος θαυμα-
σμοῦ καὶ σεμνότητος τυχεῖν, ἀνέπλασαν περὶ αὐτοὺς ὑπερβάλλουσάν
5 τινα καὶ θείαν δύναμιν, ἔνθεν καὶ τοῖς πολλοῖς ἐνομίσθησαν θεοί.

**28.** Lᴀᴄᴛᴀɴᴛɪᴠs De ira Dei 11, 7–9

unde igitur ad homines opinio multorum deorum persuasione pervenit? nimirum ii omnes, qui coluntur ut dii, homines fuerunt et idem primi ac maximi reges. sed eos aut ob virtutem qua profuerant hominum generi divinis
honoribus adfectos esse post mortem aut ob beneficia et inventa quibus hu-
5 manam vitam excoluerant inmortalem memoriam consecutos quis ignorat?
nec tantum mares, sed et feminas. quod cum vetustissimi Graeciae scrip-

---

**27** hoc testimonium e praefatione operis originem ducere putabant Némethy[1] 30 et
Jacoby[1] 964, sed eorum sententiam recte reiecerunt v.Gils 22 et v.d. Meer 106. ad rem
Némethy[1] 16 sq., v. Gils 86–89, v. d. Meer 105–107 ‖ 1-2 ὅτ' ἦν ἄτακτος ἀνθρώπων
βίος = Critias, Sisyphus 1 (TrGF 43 F 19 = VS 88 B 25). hoc drama Critiae abrogavit
et Euripidi tribuit Dihle, cui adstipulati sunt e.g. H.J. Mette, Lustrum 19, 1976 [1978],
67–70 et Lustrum 23/24, 1981/82, 238–241, Scodel 122–137, sed Critiae iterum vindicant Sutton et Winiarczyk[7]. cf. Diod. I 8, 1 ἐν ἀτάκτῳ καὶ θηριώδει βίῳ (= Democritus VS 68 B 5), Ps.-Demosth. Or. 25 (C. Arist.), 15, Sext. Adv. math. IX 15. vide Hirzel[2] 397 adn. 1, Norden[1] 370 sq. 375. 399, Kaerst 191 adn. 2, Heinimann 149 sq. ‖ 2 cf.
Cic. (T 14) *fortis aut claros aut potentis viros,* Plut. (T 15) διαγράφων εἰς ὀνόματα στρατηγῶν καὶ ναυάρχων καὶ βασιλέων, Sext. (T 23) δυνατούς τινας γεγονέναι ἀνθρώπους,
Lact. (T 28) *primi et maximi reges* ‖ 3-5 cf. Cic. (T 14) *post mortem ad deos pervenisse,*
Diod. (T 63) ἄλλα δὲ πλεῖστα ἔθνη ἐπελθόντα παρὰ πᾶσιν τιμηθῆναι καὶ θεὸν ἀ-
γορευθῆναι, Sext. (T 23) διὰ τοῦτο ὑπὸ τῶν ἄλλων θεοποιηθέντας δόξαι θεούς, Lact.
(T 28) *divinis honoribus adfectos esse post mortem,* Lact. (T 64 A) *iubebat sibi fanum creari
hospitis sui nomine.* de duobus deificationum generibus Euhemerum scripsisse recte
putant Jacoby[1] 964 sq., Vallauri[2] 15 sq. errant igitur, qui arbitrantur euhemerismum
constare dumtaxat in autodeificatione (e. g. Schwartz[1] 260). vide etiam Sext. Adv.
math. IX 34 οἱ δὲ λέγοντες τοὺς πρώτους τῶν ἀνθρώπων ἡγεμονεύσαντας καὶ διοικητὰς
τῶν κοινῶν πραγμάτων γενομένους, πλείονα δύναμιν αὐτοῖς περιθέντας καὶ τιμὴν πρὸς
τὸ ὑπακούειν τὰ πλήθη, τούτους χρόνῳ τελευτήσαντας θεοὺς ὑποληφθῆναι, πάλιν οὐ
συνίασι τὸ ζητούμενον. αὐτοὶ γὰρ οἱ εἰς θεοὺς ἀνάγοντες αὐτοὺς πῶς ἔννοιαν ἔλαβον
θεῶν εἰς ἣν αὐτοὺς ἐνέταξαν; τοῦτο γὰρ δεόμενον ἀποδείξεως παρεῖται. qua de causa
reges aetate hellenistica deorum loco habiti sint, explicare studet Habicht, cf. Walbank[2]

---

**27** 2 ἰσχύει N ‖ **28** 1 persuasiove Heumann   persuasioque Francius ‖ 2 *ii* edd.   *hi* **B P**
Ingremeau ‖ *et* add. **B**[3] ‖ 3 *quia* **P** ‖ 6 *feminas plures* **B** Ingremeau

*tores, quos illi theologos nuncupant, tum etiam Romani Graecos secuti et imitati docent: quorum praecipue Euhemerus ac noster Ennius, qui eorum omnium natales coniugia progenies imperia res gestas obitus sepulcra demonstrant, et secutus eos Tullius tertio De natura deorum libro dissolvit* 10
*publicas religiones* (...)

## IV. Testimonia ad 'Historiam sacram' pertinentia

(a) De Arabia

**29.** DIODORVS Bibl. hist. V 41, 2–3

ἡ μὲν γὰρ χώρα (scil. ἡ Ἀραβία) πολλαῖς κώμαις καὶ πόλεσιν ἀξιο-
λόγοις κατοικεῖται, καὶ τούτων αἱ μὲν ἐπὶ χωμάτων ἀξιολόγων κεῖνται, αἱ δ' ἐπὶ γεωλόφων ἢ πεδίων καθίδρυνται· ἔχουσι δ' αὐτῶν αἱ μέγισται βασίλεια κατεσκευασμένα πολυτελῶς, πλῆθος οἰκητόρων ἔχοντα
καὶ κτήσεις ἱκανάς. πᾶσα δ' αὐτῶν ἡ χώρα γέμει θρεμμάτων παντοδα- 5
πῶν, καρποφοροῦσα καὶ νομὰς ἀφθόνους παρεχομένη τοῖς βοσκήμασι·
ποταμοί τε πολλοὶ διαρρέοντες ἐν αὐτῇ πολλὴν ἀρδεύουσι χώραν, συν-
εργοῦντες πρὸς τελείαν αὔξησιν τῶν καρπῶν. διὸ καὶ τῆς Ἀραβίας ἡ
πρωτεύουσα τῇ ἀρετῇ προσηγορίαν ἔλαβεν οἰκείαν, Εὐδαίμων ὀνομασθεῖσα. 10

28 7 de theologis vide Kattenbusch, Ziehen, Festugière[1] II 598–605. cf. app. ad
T 69 A ‖ **29–83** (a) viri docti existimant Euhemeri 'Sacram historiam' redolere aut Ae-
gyptum (e. g. Reitzenstein[1] 89–91, Reitzenstein[3] 17 et libri in app. ad T 35 allati) aut
Indiam (Rohde[1] 240 adn. 0, Finley 9). vide etiam app. ad T 31–39 et v. d. Meer
67–70. – (b) Euhemerum Hecataei Abd. vestigia pressisse multi putabant, e.g. Jacoby[1]
969, Jacoby[2] 2759, Wendland 120, Geffcken[3] 572, Wilamowitz[2] II 270 adn. 1, Bidez –
Cumont II 70 adn. 16, Harder 32, Jacoby[3] III a, 38, Brown[1] 265 sq., Vallauri[2] 6–17,
Nilsson[4] II 287, Murray 151 cum adn. 4. 167, Drews 206 adn. 162; cf. v. d. Meer
128–134. aliter Spoerri[1] 189–195, Thraede[2] 878 sq., Burton 70 sq., Spoerri[3] 286 sq., cf.
279. vide etiam Diamond, cuius dissertationem non legi. – (c) de fontibus Euhemeri
vide etiam Gruppe 17 sq., Jacoby[1] 959 sq. (Nearchus et Onesicritus). 970 (sophistae),
Pfister[1] 381 sq., Wendland 120, Kaerst 183 sqq., Tarn[1] 45, Červenka 110 sqq. (sophistae), Brown[2] 70sq. (Onesicritus), v. d. Meer 39 (Onesicritus), Taeger I 396, Nilsson[4] II
284 sq. 287, Zumschlinge 126–134. cf. app. ad T 9 (de Prodico et Euhemero) ‖ **29** de
Arabia felici cf. Eratosth. (F III B 48 Berger) ap. Strab. XVI 4, 2–4; Agatharch. De
mari Erythr. 97–103 (GGM I 186–191) ap. Diod. III 46–47; Diod. II 49–50. cf. T 3

9 sepulcra] simulacra B[1]P ‖ **29** 1 γὰρ om. D ‖ 3 ἢ om. C ‖ 7 συνεργοῦντες] συντελοῦν-
τες C

## (b) De insula Sacra in Oceano posita

**30.** Diodorvs Bibl. hist. V 41, 4–42, 2

ταύτης δὲ κατὰ τὰς ἐσχατιὰς τῆς παρωκεανίτιδος χώρας κατ' ἀντικρὺ
νῆσοι κεῖνται πλείους, ὧν τρεῖς εἰσιν ἄξιαι τῆς ἱστορικῆς ἀναγραφῆς,
μία μὲν ἡ προσαγορευομένη Ἱερά, καθ' ἣν οὐκ ἔξεστι τοὺς τετελευ-
τηκότας θάπτειν, ἑτέρα δὲ πλησίον ταύτης, ἀπέχουσα σταδίους ἑπτά,
5 εἰς ἣν κομίζουσι τὰ σώματα τῶν ἀποθανόντων ταφῆς ἀξιοῦντες. ἡ δ'
οὖν Ἱερὰ τῶν μὲν ἄλλων καρπῶν ἄμοιρός ἐστι, φέρει δὲ λιβανωτοῦ
τοσοῦτο πλῆθος, ὥστε διαρκεῖν καθ' ὅλην τὴν οἰκουμένην πρὸς τὰς
τῶν θεῶν τιμάς· ἔχει δὲ καὶ σμύρνης πλῆθος διάφορον καὶ τῶν ἄλλων
θυμιαμάτων παντοδαπὰς φύσεις, παρεχομένας πολλὴν εὐωδίαν. ἡ δὲ 5
10 φύσις ἐστὶ τοῦ λιβανωτοῦ καὶ ἡ κατασκευὴ τοιάδε· δένδρον ἐστὶ τῷ
μὲν μεγέθει μικρόν, τῇ δὲ προσόψει τῇ ἀκάνθῃ τῇ Αἰγυπτίᾳ τῇ λευκῇ
παρεμφερές, τὰ δὲ φύλλα τοῦ δένδρου ὅμοια τῇ ὀνομαζομένῃ ἰτέᾳ,
καὶ τὸ ἄνθος ἐπ' αὐτῷ φύεται χρυσοειδές, ὁ δὲ λιβανωτὸς γινόμενος
ἐξ αὐτοῦ ὀπίζεται ὡς ἂν δάκρυον. τὸ δὲ τῆς σμύρνης δένδρον ὅμοιόν 6
15 ἐστι τῇ σχίνῳ, τὸ δὲ φύλλον ἔχει λεπτότερον καὶ πυκνότερον. ὀπίζεται
δὲ περισκαφείσης τῆς γῆς ἀπὸ τῶν ῥιζῶν, καὶ ὅσα μὲν αὐτῶν ἐν

30 (a) insulam Sacram nihil aliud esse nisi insulam Panchaiam nonnulli putabant
(Hommel[1] 13, Hüsing 101, Tkač 1403). quam opinionem variis argumentis confirmare
studebat Braunert[1]. receperunt eam Aalders 66 sq., Bertelli 202 adn. 77, Zumschlinge
22, Sartori 518, sed recte reiecit R. Müller 198 adn. 6. cf. Bichler 188 adn. 27. – (b) qua
de causa insula illa cognomine sacrae praedita fuerit, viri docti dissentiunt. v. Gils 22
cum adn. 3 et v. d. Meer 36 sqq.: insula Soli consecrata fuit (recte reiecit Braunert[1] 261
adn. 17); Vallauri[1] 51 (cf. Braunert[1]): in insula mortui sepeliri non poterant et tus atque
myrrha in ea nascebantur, qui in deorum cultu adhibebantur, cf. Plin. XII 54, Solin.
33, 5 (regio turifera … Arabia appellata, id est sacra), cf. Isid. Etym. XIV 3, 15 (non recte
reiecit Zumschlinge 19–21). etiam aliae insulae cognomine sacrae praeditae antiquis
notae erant, cf. Pl. Crit. 115 B, Polyb. I 60,3, I 61,7, Steph. Byz. s. v. Ἱερὰ νῆσος. – (c)
de insulis in antiquis utopiis occurrentibus vide Fauth 39–42, cf. Molter 315–319 ‖
3-5 vide Strabo X 5, 5 Ῥήναια δ' ἔρημον νησίδιόν ἐστιν ἐν τέτρασι τῆς Δήλου σταδίοις,
ὅπου τὰ μνήματα τοῖς Δηλίοις ἐστίν, οὐ γὰρ ἔξεστιν ἐν αὐτῇ τῇ Δήλῳ θάπτειν οὐδὲ
καίειν νεκρόν (…), cf. Thucyd. III 104, Diod. XII 58,7. vide Jacoby[1] 959, Rohde[1] 237
adn. 2, Zumschlinge 17–19 ‖ 6-19 de ture et myrrha in Arabia felici obviis vide Herod.
III 107; Theophr. Hist. pl. IV 4, 14, IX 4, 1–2, 10; Eratosth. (F III B 48 Berger) ap.
Strab. XVI 4, 4; Diod. III 46, 3; Strabo XVI 4, 14. 19. 25; Arrian. Anab. VII 20, 2. vide
Rathjens, v. Beek, W. W. Müller[1], W. W. Müller[2] 709–715. descriptio turis etiam ap.
Theophr. Hist. pl. IX 4, cf. W. W. Müller[2] 715–717

**30** 4 ἑπτά **AD** ὡς ἑπτά cett. ‖ 7 τὴν om. **D**

21

ἀγαθῇ γῇ πέφυκεν, ἐκ τούτων γίνεται δὶς τοῦ ἐνιαυτοῦ, ἔαρος καὶ θέρους· καὶ ὁ μὲν πύρρος ἐαρινὸς ὑπάρχει διὰ τὰς δρόσους, ὁ δὲ λευκὸς θερινός ἐστι. τοῦ δὲ παλιούρου συλλέγουσι τὸν καρπόν, καὶ χρῶνται βρωτοῖς καὶ ποτοῖς καὶ πρὸς τὰς κοιλίας τὰς ῥεούσας φαρ- 20
**42** μάκῳ. διῄρηται δὲ τοῖς ἐγχωρίοις ἡ χώρα, καὶ ταύτης ὁ βασιλεὺς λαμβάνει τὴν κρατίστην, καὶ τῶν καρπῶν τῶν γινομένων ἐν τῇ νήσῳ δεκάτην λαμβάνει. τὸ δὲ πλάτος τῆς νήσου φασὶν εἶναι σταδίων ὡς
2 διακοσίων. κατοικοῦσι δὲ τὴν νῆσον οἱ καλούμενοι Παγχαῖοι, καὶ τόν τε λιβανωτὸν καὶ τὴν σμύρναν κομίζουσιν εἰς τὸ πέραν καὶ πωλοῦσι 25
τοῖς τῶν Ἀράβων ἐμπόροις, παρ' ὧν ἄλλοι τὰ τοιαῦτα φορτία ὠνούμενοι διακομίζουσιν εἰς τὴν Φοινίκην καὶ Κοίλην Συρίαν, ἔτι δ' Αἴγυπτον, τὸ δὲ τελευταῖον ἐκ τούτων τῶν τόπων ἔμποροι διακομίζουσιν εἰς πᾶσαν τὴν οἰκουμένην.

## (c) De insula Panchaia

### De magnitudine et situ Panchaiae

**31.** Diodorvs Bibl. hist. V 42, 3

ἔστι δὲ καὶ ἄλλη νῆσος μεγάλη (scil. ἡ Παγχαία), τῆς προειρημένης

---

19-21 de paliuro vide Theophr. Hist. pl. III 18, 3; Plin. Nat. hist. XXIV 71; Diosc. De mat. med. I 92 ‖ 21-24 cf. app. ad T 35 ‖ 24-29 de emptione et venditione turis vide W. W. Müller[2] 722–734 ‖ 31–39 in descriptione Panchaiae Euhemerum Platonis dialogos secutum esse putabant Hirzel[2] 391–393, Červenka 118 cum adn. 5, Zumschlinge 30 sq., Bichler 133–135. vide Zumschlinge 82–86 (Euh. usus est etiam operibus Isocratis et Hecataei Abd.). cf. app. ad T 29 ‖ **31** vide T 32 B *(regio Arabiae)*, cf. 32 C, 32 D *(Persidis regio)*, 84–85 *(prope Panchaiam in Solis urbem)*, cf. T 86. – (a) etymologia nominis Panchaiae: (1) πᾶν + χάιος, vide Hesych. s. v. χάιος· ἀγαθός, Schol. Theocr. VII 5 p. 78 Wendel χαὰ γὰρ παρὰ Λακεδαιμονίοις τὰ ἀγαθά, χαῖον δὲ τὸ εὐγενὲς καὶ ἀρχαῖον, ὁμοίως καὶ τὸ χάον, Schol. Aesch. Suppl. 859 (I 81 Smith) βαθυχαῖος· ἡ μεγάλως εὐγενής· χαοὶ γὰρ οἱ εὐγενεῖς, cf. Suda s.v. χαῖα (IV 779 Adler) et Schol. Aristoph. Lys. 90. vide H. Frisk, Griech. Etym. Wört., II, Heidelberg 1970, 1062 et Pape-Benseler, Wört. d. gr. Eigennamen, II, Braunschweig 1863–70[3], 1103; Παγχαῖοι = οἱ πάνυ εὐγενεῖς aut οἱ πάνυ ἀρχαῖοι Jacoby[1] 960; (2) πᾶς + γῆ, γαῖα, v. d. Meer 38; (3) Panchaia < pa-anch (aeg. 'vita') Hommel[1] 21 sq.; (4) Panchaia < Pāndja (Indorum populus, cf. Πανδαῖοι, Πανδίονες (Rohde[1] 240 adn. 0), recte reiecerunt Jacoby[1] 960 et Ziegler[2] 494; (5) 'ΠΑΓΧΑΙΑ – ΠΑΓΧΑ pour ΛΑΝΧΑ?' Blochet 165 adn. 41. haec sententia omni fundamento caret. – (b) variis in locis Panchaia quaerebatur, e. g. (1) Sokotra (= Διοσκουρίδου νῆσος): Glaser[1] 43, Glaser[2] 4, Hommel[1] 21 sq., Tkač 1404, Hommel[2] 15 cum adn. 2; (2) Kišm (insula in sinu Arabico): Hüsing 102 sqq.; (3) Cey-

---

19 θερινός] χειμερινός **CFG** ‖ 26 τοιαῦτα om. **D**, Vogel

(scil. τῆς Ἱερᾶς) ἀπέχουσα σταδίους τριάκοντα, εἰς τὸ πρὸς ἕω μέρος τοῦ ὠκεανοῦ κειμένη, τῷ μήκει πολλῶν τινων σταδίων· ἀπὸ γὰρ τοῦ πρὸς ἀνατολὰς ἀνήκοντος ἀκρωτηρίου φασὶ θεωρεῖσθαι τὴν Ἰνδικὴν ἀέριον διὰ τὸ μέγεθος τοῦ διαστήματος.

**32 A.** SERVIVS Commentarii in Verg. Georgica II 115
*Eoasque domos Arabum] Arabia, Panchaia, Sabaeorum gens eadem est, apud quam tus nascitur, ut ⟨117⟩ solis est turea virga Sabaeis (...)*

**32 B.** SERVIVS Comment. in Verg. Georg. II 139
*Panchaia] Arabia, ut diximus supra ⟨115⟩. Panchaia] regio Arabiae, ubi et templum Triphylii Iovis (...)*

**32 C.** ANONYMVS Brevis expositio in Verg. Georg. II 139
*Panchaia] Arabia, ibi tus abundanter nascitur. Panchaiam dixit propter suavitatem.*

**32 D.** PS.-PROBVS In Verg. Georg. II 139 comment.
*turiferis Panchaia pinguis harenis] (...) Panchaia, Persidis regio, a rege Panchaeo dicitur.*

### De incolis

**33.** DIODORVS Bibl. hist. V 42, 4–5
ἔχει δ' ἡ Παγχαία κατ' αὐτὴν πολλὰ τῆς ἱστορικῆς ἀναγραφῆς ἄξια. κατοικοῦσι δ' αὐτὴν αὐτόχθονες μὲν οἱ Παγχαῖοι λεγόμενοι, ἐπήλυδες δ' Ὠκεανῖται καὶ Ἰνδοὶ καὶ Σκύθαι καὶ Κρῆτες. πόλις δ' ἔστιν ἀξιόλογος ἐν αὐτῇ, προσαγορευομένη μὲν Πανάρα, εὐδαιμονίᾳ δὲ διαφέ-

---

lon (= Taprobane): Blochet 165; (4) 'das Wunderland des africanischen Weihrauchs' Mordtmann-Müller 57 (vide app. ad T 84); (5) insula Bangāla, Bengalen: Brunnhofer 70–93; vide etiam Block 49 sq. – (c) 4–5 θεωρεῖσθαι τὴν Ἰνδικὴν ἀέριον i. e. montes Himalaja (Tarn¹ 45 sq., v. d. Meer 39), cf. Wesseling 596 'ἀέριον omne immane et in aërem vastissime exsurgens' ‖ **32 A–C** cf. app. ad T 84 ‖ **32 B** Tzschucke III 3, 360 'causa erroris haec est, quod et in Arabia felici tus nascitur, cum tamen etiam id ferre Panchaiam narraverit Euhemerus' ‖ **32 C** cf. Schol. Bern. Verg. Georg. II 139 p. 898 Hagen ‖ **33 2** de Panchaeis vide app. ad T 31. Panchaei etiam insulam Sacram incolebant (cf. T 30) ‖ **3** de Oceanitis vide Zumschlinge 50–54 (Oceanitae = Indi, Scythae et Cretenses, sed haec opinio a vero aberrare videtur) ‖ **4** Πανάρα < πᾶν + ἀρά v.d. Meer 48. 137; aliter Pape-Benseler II³ 1120 Πανάρα = Φανάρα ('Lichtenberg'). cf. Braunert¹ 264 'Panara war ... Beiname einer der drei genannten Städte' (cf. T 35), sed haec interpretatio falsa mihi videtur

**32 B 2** *Triphylii* Thilo *Triphyli* Ursinus *triffili* V ‖ **33 1** κατ' αὐτὴν om. C καθ' αὐτὴν **FG**

ρουσα. οἱ δὲ ταύτην οἰκοῦντες καλοῦνται μὲν ἱκέται τοῦ Διὸς τοῦ Τρι- 5
φυλίου, μόνοι δ' εἰσὶ τῶν τὴν Παγχαίαν χώραν οἰκούντων αὐτόνομοι
καὶ ἀβασίλευτοι. ἄρχοντας δὲ καθιστᾶσι κατ' ἐνιαυτὸν τρεῖς· οὗτοι δὲ
θανάτου μὲν οὔκ εἰσι κύριοι, τὰ δὲ λοιπὰ πάντα διακρίνουσι· καὶ
αὐτοὶ δὲ οὗτοι τὰ μέγιστα ἐπὶ τοὺς ἱερεῖς ἀναφέρουσιν.

**34.** DIODORVS Bibl. hist. V 44, 6-7

ὕστερον δὲ Τριφύλιον Ὄλυμπον κληθῆναι (scil. τὸ ὄρος) διὰ τὸ τοὺς
κατοικοῦντας ὑπάρχειν ἐκ τριῶν ἐθνῶν· ὀνομάζεσθαι δὲ τοὺς μὲν
Παγχαίους, τοὺς δ' Ὠκεανίτας, τοὺς δὲ Δώους, οὓς ὕστερον ὑπ' Ἄμμωνος ἐκβληθῆναι. τὸν γὰρ Ἄμμωνά φασι μὴ μόνον φυγαδεῦσαι τοῦτο
τὸ ἔθνος, ἀλλὰ καὶ τὰς πόλεις αὐτῶν ἄρδην ἀνελεῖν, καὶ κατασκάψαι 5
τήν τε Δώαν καὶ Ἀστερουσίαν. θυσίαν τε κατ' ἐνιαυτὸν ἐν τούτῳ τῷ
ὄρει ποιεῖν ἱερεῖς μετὰ πολλῆς ἁγνείας.

## De societate

**35.** DIODORVS Bibl. hist. V 45, 2-46, 4

ἔχει δὲ ἡ νῆσος αὕτη καὶ πόλεις τρεῖς ἀξιολόγους, Ὑρακίαν καὶ Δαλίδα καὶ Ὠκεανίδα. τὴν δὲ χώραν ὅλην εἶναι καρποφόρον, καὶ μάλι-

---

5 ἱκέται τοῦ Διὸς] Zumschlinge 92-100 ‖ 6-7 αὐτόνομοι καὶ ἀβασίλευτοι] Zum-
schlinge 100-111, cf. T 35 οἱ μὲν οὖν ἱερεῖς τῶν ἁπάντων ἦσαν ἡγεμόνες ‖ **34** 1 Τριφύ-
λιον] terra Τριφυλία et populus Τρίφυλιοι in Peloponneso fuerunt (Xen. Hell. IV 2, 16,
VI 5, 2, VII 1, 26, Demosth. Or. XVI 16, Strabo VIII 3, 3, Dion. Per. 409 [GGM
II 128], Steph. Byz. s.v. Τριφυλία, Hesych. s.v. Τρίφυλοι, Eustath. Comment. 409 [GGM
II 292]). vide Bölte 186 sq. cf. Peripl. mar. Erythr. 30 (GGM I 280 sq.) εἰσὶ δὲ (scil. in
Dioscuridis insula) ἐπίξενοι καὶ ἐπίμικτοι Ἀράβων τε καὶ Ἰνδῶν καὶ ἔτι Ἑλλήνων τῶν
πρὸς ἐργασίαν ἐκπλεόντων │ Ὄλυμπον] etiam τὸ Λύκαιον ὄρος in Arcadia situm, ubi
Iuppiter partus esse traditur, Olympus appellabatur ‖ 3 de Doiis vide v.Gils 24 'hostes
fuisse videntur ceteris incolis. Ammon igitur, Doiis eiectis, gratum reliquis fecisse videtur. Doiorum locus occupatur ab Indis, Scythis et Cretensibus', cf. 38. Baunack 72
adn. 1 δώια = ζώϊα, ζῷα, quem secuta est Zumschlinge 55 sq. cf. etiam Ferguson 105
'The Indian Doanes may be at the back of Doia' ‖ 4 Ἄμμων = Ζεὺς Ἄμμων v.Gils 39,
Zumschlinge 45 sq., aliter Vallauri[1] 52 ‖ 6 cf. Steph. Byz. s.v. Ἀστερουσία· ὄρος Κρήτης
πρὸς τὸ νότιον μέρος (...) │ sacerdotes Ammoni annuum sacrificium fecisse putabat
v.Gils 39, sed hoc a vero aberrare videtur ‖ **35** de societate Panchaiae vide e.g. Jacoby[1]
962, Rostowzew 282 sq., M. Gelzer 105 sq., Pöhlmann 294-301, Kaerst 153-155,
Tarn[1] 43 sq., v. d. Meer 46-50. 56-66, Braunert[2] 54-59, Aalders 66-70, Bertelli
201-205, Zumschlinge 58 sqq., Bichler 187-195

5 τριφυλλίου D ‖ **34** 2 ἐκ τ. ἐ. ὑπάρχειν v │ δὲ] γὰρ CFG ‖ 3 λώους ABDE ‖ 6 λω-
ίαν ABDE │ τε] δὲ Jacoby ‖ 7 πολλῆς D π. τῆς cett. ‖ **35** 1 ὑρακίδαν ABDE
θρακίαν F

στα οἴνων παντοδαπῶν ἔχειν πλῆθος. εἶναι δὲ τοὺς ἄνδρας πολεμικοὺς 3
καὶ ἅρμασι χρῆσθαι κατὰ τὰς μάχας ἀρχαϊκῶς. τὴν δ' ὅλην πολιτείαν
5 ἔχουσι τριμερῆ, καὶ πρῶτον ὑπάρχει μέρος παρ' αὐτοῖς τὸ τῶν ἱερέων, προσκειμένων αὐτοῖς τῶν τεχνιτῶν, δευτέρα δὲ μερὶς ὑπάρχει
τῶν γεωργῶν, τρίτη δὲ τῶν στρατιωτῶν, προστιθεμένων τῶν νομέων.
οἱ μὲν οὖν ἱερεῖς τῶν ἁπάντων ἦσαν ἡγεμόνες, τάς τε τῶν ἀμφισβητή- 4
σεων κρίσεις ποιούμενοι καὶ τῶν ἄλλων τῶν δημοσίᾳ πραττομένων κύ-
10 ριοι· οἱ δὲ γεωργοὶ τὴν γῆν ἐργαζόμενοι τοὺς καρποὺς ἀναφέρουσιν
εἰς τὸ κοινόν, καὶ ὅστις ἂν αὐτῶν δοκῇ μάλιστα γεγεωργηκέναι, λαμβάνει γέρας ἐξαίρετον ἐν τῇ διαιρέσει τῶν καρπῶν, κριθεὶς ὑπὸ τῶν
ἱερέων ὁ πρῶτος καὶ ὁ δεύτερος καὶ οἱ λοιποὶ μέχρι δέκα, προτροπῆς
ἕνεκα τῶν ἄλλων. παραπλησίως δὲ τούτοις καὶ οἱ νομεῖς τά τε ἱερεῖα 5
15 καὶ τἄλλα παραδιδόασιν εἰς τὸ δημόσιον, τὰ μὲν ἀριθμῷ, τὰ δὲ
σταθμῷ, μετὰ πάσης ἀκριβείας. καθόλου γὰρ οὐδέν ἐστιν ἰδίᾳ κτήσασθαι πλὴν οἰκίας καὶ κήπου, πάντα δὲ τὰ γεννήματα καὶ τὰς
προσόδους οἱ ἱερεῖς παραλαμβάνοντες τὸ ἐπιβάλλον ἑκάστῳ δικαίως
ἀπονέμουσι, τοῖς δ' ἱερεῦσι μόνοις δίδοται διπλάσιον. χρῶνται δ' 6
20 ἐσθῆσι μὲν μαλακαῖς διὰ τὸ παρ' αὐτοῖς πρόβατα ὑπάρχειν διαφέροντα τῶν ἄλλων διὰ τὴν μαλακότητα· φοροῦσι δὲ καὶ κόσμον χρυσοῦν οὐ μόνον αἱ γυναῖκες, ἀλλὰ καὶ οἱ ἄνδρες, περὶ μὲν τοὺς τραχή-

---

4-5 πολιτείαν ἔχουσι τριμερῆ (= ἱερεῖς - τεχνῖται, γεωργοί, στρατιῶται - νομεῖς), cf.
Hippodamus (VS 39 A 1) ap. Arist. Pol. II 8 p. 1267 b 31–33 τεχνῖται, γεωργοί, τὸ
προπολεμοῦν καὶ τὰ ὅπλα ἔχον, Pl. Rep. III 415 A–B ἄρχοντες, φύλακες, δημιουργοί,
γεωργοί, Pl. Crit. 112 B δημιουργοί, γεωργοί, τὸ μάχιμον ... γένος, cf. 110 C, Isocr. Bus.
15 τοὺς μὲν ἐπὶ τὰς ἱερωσύνας κατέστησε, τοὺς δ' ἐπὶ τὰς τέχνας ἔτρεψε, τοὺς δὲ τὰ
περὶ τὸν πόλεμον μελετᾶν ἠνάγκασεν, Hecat. (FGrH 264 F 25) ap. Diod. I 28, 4 sq. εὐ-
πατρίδαι, γεωμόροι, δημιουργοί et ap. Diod. I 74, 1 νομεῖς, γεωργοί, τεχνῖται, Strabo
XVII 1, 3 (FGrH 665 F 92) στρατιῶται, γεωργοί, ἱερεῖς, Plut. Thes. 25, 2. vide Braunert[2]
54–56, Aalders 67, Zumschlinge 76–80. de significatione numeri 3 in Euhemeri opere
occurrente vide Salin 231 sq., v.d. Meer 42: tres insulae Diod. V 41, 4 (T 30), Ζεὺς Τριφύλιος V 42, 5 (T 33), tres ἄρχοντες V 42, 5 (T 33), tres populi V 44, 6 (T 34), tres
urbes V 45, 2 (T 35), tres classes V 45, 3 (T 35), cf. Pease 120 'a rhetorical group of
three illustrations' et Usener[2] ‖ 8 aliter in T 33 αὐτόνομοι καὶ ἀβασίλευτοι (...) ‖ 10–11
τοὺς καρποὺς ἀναφέρουσιν εἰς τὸ κοινόν] cf. Arist. Pol. II 5 p. 1263 a 3 sqq., Nearchus
(FGrH 133 F 23) ap. Strab. XV 1, 66, Diod. V 9, 4 sq. vide Wacht ‖ 19–24 Euhemerum
Xen. Anab. I 5, 8 ante oculos habuisse suspicatur v.Gils 25 adn.1, v.d. Meer 41 adn.4
autem putat Euhemerum Herodoti (III 20, IX 80) vestigia pressisse. cf. etiam Dio Chr.
Or. II 51

11 δοκεῖ D ‖ 14 τῶν] τῶν δ' D ‖ δὲ τούτοις om. D ‖ 16 οὐδέν ἐστιν Jacoby    οὐδὲν
ἔστιν Vogel    οὐδὲν ἔξεστιν Bekker, Dindorf ‖ 21 διὰ om. FG

EVHEMERVS

λους ἔχοντες στρεπτοὺς κύκλους, περὶ δὲ τὰς χεῖρας ψέλια, ἐκ δὲ τῶν
ὤτων παραπλησίως τοῖς Πέρσαις ἐξηρτημένους κρίκους. ὑποδέσεσι δὲ
46 κοίλαις χρῶνται καὶ τοῖς χρώμασι πεποικιλμέναις περιττότερον. οἱ δὲ 25
στρατιῶται λαμβάνοντες τὰς μεμερισμένας συντάξεις φυλάττουσι τὴν
χώραν, διειληφότες ὀχυρώμασι καὶ παρεμβολαῖς· ἔστι γάρ τι μέρος
τῆς χώρας ἔχον ληστήρια θρασέων καὶ παρανόμων ἀνθρώπων, οἳ τοὺς
2 γεωργοὺς ἐνεδρεύοντες πολεμοῦσι τούτους. αὐτοὶ δ᾿ οἱ ἱερεῖς πολὺ τῶν
ἄλλων ὑπερέχουσι τρυφῇ καὶ ταῖς ἄλλαις ταῖς ἐν τῷ βίῳ καθαρειότησι 30
καὶ πολυτελείαις· στολὰς μὲν γὰρ ἔχουσι λινᾶς, τῇ λεπτότητι καὶ μαλακότητι διαφόρους, ποτὲ δὲ καὶ τὰς ἐκ τῶν μαλακωτάτων ἐρίων κατεσκευασμένας ἐσθῆτας φοροῦσι· πρὸς δὲ τούτοις μίτρας ἔχουσι χρυ-
σοϋφεῖς· τὴν δ᾿ ὑπόδεσιν ἔχουσι σανδάλια ποικίλα φιλοτέχνως εἰργασ-
μένα· χρυσοφοροῦσι δ᾿ ὁμοίως ταῖς γυναιξὶ πλὴν τῶν ἐνωτίων. προσ- 35
εδρεύουσι δὲ μάλιστα ταῖς τῶν θεῶν θεραπείαις καὶ τοῖς περὶ τούτων
ὕμνοις τε καὶ ἐγκωμίοις, μετ᾿ ᾠδῆς τὰς πράξεις αὐτῶν καὶ τὰς εἰς ἀν-
3 θρώπους εὐεργεσίας διαπορευόμενοι. μυθολογοῦσι δ᾿ οἱ ἱερεῖς τὸ γένος
αὐτοῖς ἐκ Κρήτης ὑπάρχειν, ὑπὸ Διὸς ἠγμένοις εἰς τὴν Παγχαίαν, ὅτε
κατ᾿ ἀνθρώπους ὢν ἐβασίλευε τῆς οἰκουμένης· καὶ τούτων σημεῖα 40
φέρουσι τῆς διαλέκτου, δεικνύντες τὰ πολλὰ διαμένειν παρ᾿ αὐτοῖς
Κρητικῶς ὀνομαζόμενα· τήν τε πρὸς αὐτοὺς οἰκειότητα καὶ φιλανθρωπίαν ἐκ προγόνων παρειληφέναι, τῆς φήμης ταύτης τοῖς ἐκγόνοις παραδιδομένης ἀεί. ἐδείκνυον δὲ καὶ ἀναγραφὰς τούτων, ἃς ἔφασαν τὸν
Δία πεποιῆσθαι καθ᾿ ὃν καιρὸν ἔτι κατ᾿ ἀνθρώπους ὢν ἱδρύσατο τὸ 45
4 ἱερόν. ἔχει δ᾿ ἡ χώρα μέταλλα δαψιλῆ χρυσοῦ τε καὶ ἀργύρου καὶ
χαλκοῦ καὶ καττιτέρου καὶ σιδήρου· καὶ τούτων οὐδέν ἐστιν ἐξενεγ-

29 Iovis Triphylii sacerdotes Aegyptiis similes fuisse recte putant Jacoby[1] 960 sq.,
Nilsson[4] II 287, Fraser I 290, Henrichs[3] 153 adn. 59. aliter Rohde[1] 240 adn. 0 et Finley 9
(Euh. 'borrowed the idea of a priestly caste from India'), sed hanc opinionem iure reie-
cit Bichler 193 adn. 40. de sacerdotum partibus in societate Aegyptiaca actis vide e. g.
Otto II 167–260. de sacerdotum veste cf. Wächter 18–20, Stengel 47, Zumschlinge
39–43 ‖ 44 'ἀναγραφαί illae ipsae sunt, quas aurea columna complectebatur' Wesseling
600, cf. Jacoby[1] 963. falso autem Sieroka 13 adn. 0 'praeter inscriptiones sacerdotes
Euhemero monstrabant commentarios a Iove conditos' ‖ 46 μέταλλα] cf. Pl. Crit. 114 E

25 κοίλαις Wesseling coll. Polluce V 18, Dindorf, Vogel κοιναῖς codd. Bekker,
Jacoby κομψαῖς Reiske ‖ 27 τι] τὸ CFG ‖ 28 καὶ παρανόμων ABDE om. cett. ‖
30 τρυφαῖς D ‖ 31 λευκότητι C ‖ 34 ποικίλα ABDE om. cett. ‖ 39 ὑπὸ] ἀπὸ Dᵇ |
ἡγουμένου ABDE ‖ 41 τὴν διάλεκτον vel τὰ τῆς διαλέκτου Hertlein ‖ 43 τοῖς] ἐν
τοῖς ABDE ‖ 46 δαψιλῆ om. C ‖ 47 καὶ κασσιτέρου ABDE om. cett. | οὐδέν
ἐστιν Jacoby οὐδὲν ἔστιν edd. οὐδὲν ἔξεστιν C οὐκ ἔστιν FG

26

κεῖν ἐκ τῆς νήσου, τοῖς δ᾽ ἱερεῦσιν οὐδ᾽ ἐξελθεῖν τὸ παράπαν ἐκ τῆς
καθιερωμένης χώρας· τὸν δ᾽ ἐξελθόντα ἐξουσίαν ἔχει ὁ περιτυχὼν
50 ἀποκτεῖναι.

## De templo Iovis

**36.** Diodorvs Bibl. hist. VI 1, 6–7 ap. Evseb. Praep. evang. II 2, 57
εἶναι δ᾽ ἐν αὐτῇ (scil. τῇ Παγχαίᾳ) κατά τινα λόφον ὑψηλὸν καθ᾽
ὑπερβολὴν ἱερὸν Διὸς Τριφυλίου, καθιδρυμένον ὑπ᾽ αὐτοῦ καθ᾽ ὃν
καιρὸν ἐβασίλευσε τῆς οἰκουμένης ἁπάσης ἔτι κατὰ ἀνθρώπους ὤν. ἐν
τούτῳ τῷ ἱερῷ στήλην εἶναι χρυσῆν, ἐν ᾗ τοῖς Παγχαίοις γράμμασιν
5 ὑπάρχειν γεγραμμένας τάς τε Οὐρανοῦ καὶ Κρόνου καὶ Διὸς πράξεις
κεφαλαιωδῶς.

**48-50** cf. Xen. Anab. V 4, 26 (rex Mossynoecorum) et Agatharch. De mari Erythr.
100 (GGM I 189) ap. Diod. III 47,4 (rex Sabaeorum). vide U. Hoefer, Pontosvölker ...,
RhM 59, 1904, 551–553 ‖ **36–38** v. d. Meer 50–58 et Zumschlinge 34–38 ‖ **36** cf. T 33
ἱκέται τοῦ Διὸς τοῦ Τριφυλίου. de templo vide T 32 B, 35, 65 *(in fano Iovis Triphylii ubi
auream columnam positam esse ab ipso Iove titulus indicabat)* ‖ **1** κατά τινα λόφον ὑψηλὸν]
aliter Diod. V 42, 6 (T 38) κείμενον μὲν ἐν χώρᾳ πεδιάδι. quam discrepantiam recte explicat Némethy[1] 77 'nos igitur secundum Euhemerum circa templum Iovis regionem
planam fuisse ... sed ipsum fanum in tumulo quodam exstructum longe eminuisse ar-
bitramur'. similiter v. Gils 94 ‖ **4** στήλη χρυσῆ etiam in T 37. cf. Nearchum (FGrH 133
F 31) ap. Curt. Ruf. X 1, 14 *esse haud procul a continenti insulam palmis frequentibus
consitam et in medio fere nemore columnam eminere, Erythri regis monumentum, litteris gen-
tis eius scriptam* et Aristobul. (FGrH 139 F 51) ap. Arrian. Anab. VI 29, 4–8 (cf. Strabo
XV 3, 7) ἐν τῷ παραδείσῳ τῷ βασιλικῷ Κύρου ἐκείνου τάφον καὶ περὶ αὐτὸν ἄλσος πε-
φυτεῦσθαι δένδρων παντοίων καὶ ὕδατι εἶναι κατάρρυτον (...) ἐπεγέγραπτο δὲ ὁ τάφος
Περσικοῖς γράμμασι (...). de stelis in templis obviis: Pl. Crit. 119 C–D καὶ γράμματα
ὑπὸ τῶν πρώτων ἐν στήλῃ γεγραμμένα ὀρειχαλκίνῃ, ἣ κατὰ μέσην τὴν νῆσον ἔκειτ᾽ ἐν
ἱερῷ Ποσειδῶνος, Ps.-Pl. Axioch. 371 A (Gobryas narrat de Hyperboreorum tabulis aeneis Deli positis, cf. Maass 128 adn. 0), Ps.-Democr. Phys. et Myst. 3 (VS 68
B 300,18 = Ostanes A 6 Bidez-Cumont II 318), Ostanes A 16 Bidez-Cumont II 338
(cf. Reitzenstein[2] 363 sq.), Aret. Isid. 2 τάδε ἐγράφη ἐκ τῆς στήλης τῆς ἐν Μέμφει ἥτις
ἔστηκεν πρὸς τῷ Ἡφαιστιήῳ (p. 122 Peek, p. 20 Harder, p. 301 Bergman, p. 1 Totti, cf.
Diod. I 27, 4, vide Weinreich[1] 2029, Harder 24 sq., Nock 704. 708 sq., D. Müller 12 sq.,
Bergman 42 sq.), Philo (FGrH 790 F 1) ap. Eus. Praep. ev. I 9, 26 (cf. Baumgarten
80–82), Theoph. Ad Autol. III 2, Philostr. Vita Apoll. V 5, PLond. 122 (ed. Wessely,
Denkschr. Akad. Wien 42, 1893, 56 = Reitzenstein[2] 20). vide Catal. cod. astrol. Gr.
VIII 4, Bruxellis 1921, 102 sq., Ganszyniec[2] 354–356, Festugière[1] I 319–324, Speyer
111–122. 125 adn. 1, cf. Ruska 62–66. stelae a regibus relictae e.g. Herod. II 102–106;
Diod. I 20, 1, I 55, 7, III 74, 2, IV 18, 4; Strabo XVI 4, 4; Polyaen. Strat. VIII 26;

**49** ἔχειν D  εἶχεν F ‖ **36 1** δ᾽ ἐν] δὲ A ‖ **2** Τριφυλίου edd.  τριφυλαίου ABONV ‖
**4** ἱερῷ] ὄρει BONV ‖ **5** τε] τοῦ A

**37.** Diodorvs Bibl. hist. V 46, 5–7

ἀναθήματα δὲ χρυσᾶ καὶ ἀργυρᾶ πολλὰ καὶ μεγάλα τοῖς θεοῖς ἀνάκειται, σεσωρευκότος τοῦ χρόνου τὸ πλῆθος τῶν καθιερωμένων ἀναθημά-
6 των. τά τε θυρώματα τοῦ ναοῦ θαυμαστὰς ἔχει τὰς κατασκευὰς ἐξ ἀργύρου καὶ χρυσοῦ καὶ ἐλέφαντος, ἔτι δὲ θύας δεδημιουργημένας. ἡ δὲ κλίνη τοῦ θεοῦ τὸ μὲν μῆκος ὑπάρχει πηχῶν ἕξ, τὸ δὲ πλάτος τετ- 5 τάρων, χρυσῆ δ' ὅλη καὶ τῇ κατὰ μέρος ἐργασίᾳ φιλοτέχνως κατ-
7 εσκευασμένη. παραπλήσιος δὲ καὶ ἡ τράπεζα τοῦ θεοῦ καὶ τῷ μεγέθει καὶ τῇ λοιπῇ πολυτελείᾳ παράκειται πλησίον τῆς κλίνης. κατὰ μέσην δὲ τὴν κλίνην ἔστηκε στήλη χρυσῆ μεγάλη, γράμματα ἔχουσα τὰ παρ' Αἰγυπτίοις ἱερὰ καλούμενα, δι' ὧν ἦσαν αἱ πράξεις Οὐρανοῦ τε καὶ 10 Διὸς ἀναγεγραμμέναι, καὶ μετὰ ταύτας αἱ Ἀρτέμιδος καὶ Ἀπόλλωνος ὑφ' Ἑρμοῦ προσαναγεγραμμέναι.

Theo Smyrn. Expos. rer. math. p. 105 Hiller; Philostr. Vita Apoll. II 43; Cosmas Ind. Top. chr. II 58–63 (SC 141, 370–379 = Monumentum Adulitanum), cf. inscriptiones ab Antiocho Commag. factas (ap. Dörrie[1] 29–131 et Wagner-Petzl 213 sq.) et Hann. Peripl. praef. (GGM I 1). vide Jacoby[1] 963 sq., Weinreich[1] 2028 sq. | *Παγχαίοις γράμμασι*] cf. T 37 *γράμματα ἔχουσα τὰ παρ' Αἰγυπτίοις ἱερὰ καλούμενα*. utroque loco sermo est de hieroglyphis (v. Gils 95). de variis stelis falso scribit Brown[1] 261 adn. 11. cf. T 15 *γράμμασι χρυσοῖς ἀναγεγραμμένων* || **37** cf. T 3 *ἀναθήμασιν ἀξιολόγοις ἀργυροῖς τε καὶ χρυσοῖς* et T 36 *τάς τε Οὐρανοῦ καὶ Κρόνου καὶ Διὸς πράξεις* || **4** de arbore *θύα* vide Block 29 adn. 3 || **5** *πηχῶν ἕξ*] cf. Iambul. ap. Diod. II 56, 2 *καὶ κατὰ τὸ μέγεθος ὑπεράγειν τοὺς τέτταρας πήχεις* || **9–10** *γράμματα … ἱερὰ = τὰ ἱερογλυφικὰ γράμματα*, cf. Pl. Tim. 23 E, 27 B, Hecat. (FGrH 264 F 25) ap. Diod. I 55, 7 (*Αἰγυπτίοις γράμμασι τοῖς ἱεροῖς λεγομένοις*) et F 5 ap. Plut. De Is. et Os. 6 p. 353 B (= VS 73 B 11), Philo Vit. Mos. I 23 (IV 125 Cohn), cf. Leo (FGrH 659 F 3) ap. Aug. De civ. Dei XII 11 *(ex litteris quae sacrae apud illos haberentur)*, vide Reitzenstein[2] 124 adn. 1, Harder 25 cum adn. 1, Jacoby[3] III a, 83, Bergman 29 adn. 0. falso autem Otto-Bengtson 83 'überhaupt alte Vorlage'. vide etiam Democr. (VS 68 A 33) ap. D. L. IX 49 *Περὶ τῶν ἐν Βαβυλῶνι ἱερῶν γραμμάτων* et *Περὶ τῶν ἐν Μερόῃ ⟨ἱερῶν γραμμάτων⟩*, cf. Schrenk 763 'ἱερὰ oder θεῖα γράμματα für kaiserliche Briefe und Erlasse, als ein in der östlichen Welt üblicher terminus' et Colpe 185 sq. || **12** Hermes (= Thoth) litterarum inventor habebatur, e. g. Pl. Phaedr. 274 C–D, Hecat. (FGrH 264 F 25) ap. Diod. I 16, 1, cf. I 16, 2 *ἱερογραμματεύς*, Aret. Isid. 3 c p. 122 Peek = p. 20 Harder = p. 301 Bergman = p. 1 Totti (*γράμματα εὗρον μετὰ Ἑρμοῦ*, cf. Peek 31–34, D. Müller 22–25, Bergman 234–237), Cic. De nat. deor. III 56, Philo (FGrH 790 F 2) ap. Eus. Praep. ev. I 10, 14 (cf. Dussaud 334–337). alia testimonia ap. Pease 1112 sq. vide etiam Kroll[2] 792 sq., Rusch[2] 358–360, Festugière[1] I 74 sq. de stelis Hermae: Ps.-Manetho (FGrH 609 T 11 a) ap. Sync. Ecl. chron. p. 41 Mosshammer, Theoph. Ad Autol. III 2, Philostr. Vita Apoll. V 5, Iambl. De myst. I 2, cf. Kroll[2] 794. 802 et Ruska 19 sq. 35 sq.

**37 4** *θύους* **FG**   *θυοῦς* **C** || **5** *ἕξ*] *ἑπτά* **FG** || **7** *παραπλησίως* codd., corr. Eichstädt || **8. 9** *δὲ μέσην* v

**38.** Diodorvs Bibl. hist. V 42, 6–44, 5

ἀπὸ δὲ ταύτης τῆς πόλεως ἀπέχει σταδίους ὡς ἑξήκοντα ἱερὸν Διὸς
Τριφυλίου, κείμενον μὲν ἐν χώρᾳ πεδιάδι, θαυμαζόμενον δὲ μάλιστα
διά τε τὴν ἀρχαιότητα καὶ τὴν πολυτέλειαν τῆς κατασκευῆς καὶ τὴν
τῶν τόπων εὐφυΐαν. τὸ μὲν οὖν περὶ τὸ ἱερὸν πεδίον συνηρεφές ἐστι **43**
5 παντοίοις δένδρεσιν, οὐ μόνον καρποφόροις, ἀλλὰ καὶ τοῖς ἄλλοις τοῖς
δυναμένοις τέρπειν τὴν ὅρασιν· κυπαρίττων τε γὰρ ἐξαισίων τοῖς μεγέθεσι καὶ πλατάνων καὶ δάφνης καὶ μυρσίνης καταγέμει, πλήθοντος
τοῦ τόπου ναματιαίων ὑδάτων. πλησίον γὰρ τοῦ τεμένους ἐκ τῆς γῆς **2**
ἐκπίπτει τηλικαύτη τὸ μέγεθος πηγὴ γλυκέος ὕδατος, ὥστε ποταμὸν
10 ἐξ αὐτῆς γίνεσθαι πλωτόν· ἐκ τούτου δ’ εἰς πολλὰ μέρη τοῦ ὕδατος
διαιρουμένου, καὶ τούτων ἀρδευομένων, κατὰ πάντα τὸν τοῦ πεδίου
τόπον συνάγκειαι δένδρων ὑψηλῶν πεφύκασι συνεχεῖς, ἐν αἷς πλῆθος
ἀνδρῶν ἐν τοῖς τοῦ θέρους καιροῖς ἐνδιατρίβει, ὀρνέων τε πλῆθος
παντοδαπῶν ἐννεοττεύεται, ταῖς χρόαις διάφορα καὶ ταῖς μελῳδίαις
15 μεγάλην παρεχόμενα τέρψιν, κηπεῖαί τε παντοδαπαὶ καὶ λειμῶνες
πολλοὶ καὶ διάφοροι ταῖς χλόαις καὶ τοῖς ἄνθεσιν, ὥστε τῇ θεοπρεπείᾳ
τῆς προσόψεως ἄξιον τῶν ἐγχωρίων θεῶν φαίνεσθαι. ἦν δὲ καὶ τῶν **3**
φοινίκων στελέχη μεγάλα καὶ καρποφόρα διαφερόντως καὶ καρύαι
πολλαὶ ἀκροδρύων δαψιλεστάτην τοῖς ἐγχωρίοις ἀπόλαυσιν παρεχόμε-
20 ναι. χωρὶς δὲ τούτων ὑπῆρχον ἄμπελοί τε πολλαὶ καὶ παντοδαπαί,
⟨αἳ⟩ πρὸς ὕψος ἀνηγμέναι καὶ διαπεπλεγμέναι ποικίλως τὴν πρόσοψιν
ἡδεῖαν ἐποίουν καὶ τὴν ἀπόλαυσιν τῆς ὥρας ἑτοιμοτάτην παρείχοντο.
ὁ δὲ ναὸς ὑπῆρχεν ἀξιόλογος ἐκ λίθου λευκοῦ, τὸ μῆκος ἔχων δυεῖν **44**
πλέθρων, τὸ δὲ πλάτος ἀνάλογον τῷ μήκει· κίοσι δὲ μεγάλοις καὶ πα-

**38** 43, 1–3 cf. Pl. Crit. 114 E–115 B; Dion. Scyt. (FGrH 32 F 8 = F 8 Rusten[2]) ap.
Diod. III 68, 5–69, 4; Ezechiel, Exod. 248–253 (TrGF Nr. 128 p. 300 sq.) ap. Eus.
Praep. ev. IX 29, 16 (cf. Kuiper[2] 276 sq., Jacoby[1] 972, Jacobson 154); Iambul. ap. Diod.
II 57, 1–3; Long. Daphn. et Chl. IV 2 sq. (Dionysii templum in luco situm, cf. Elliger
413–415); Firm. Mat. De errore VII 1–2 (T 93); Ps.-Lucian. Amores 12 (τέμενος
Ἀφροδίτης). vide e.g. Curtius 191–209, Schönbeck 15–60, Elliger, Thesleff 129–132 ||
9 πηγὴ γλυκέος ὕδατος] vide Dion. Scyt. F 8 ap. Diod. III 69, 1 πάντῃ δὲ κατὰ τὰς παρ-
όδους προχεῖσθαι πηγὰς ὑδάτων τῇ γλυκύτητι διαφόρων, cf. III 68, 5 et Iambul. ap.

**38** 2 τριφυλλίου D || 3 τε om. D | τῆς τε CFG || 3–4 τὴν[3] – εὐφυΐαν Reiske  τῆς –
εὐφυίας codd. || 7 μυρσίνης AE  μ. γένεσι B  μ. ἔρνεσι cett. || 10 αὐτῆς AE edd.
αὐτοῦ cett. Jacoby || 11 κατὰ om. CFG || 18 καροῖαι D  κάρυα πολλὰ F || 19 παρεχό-
μενα CD || 20 τε del. Bekker || 21 ⟨αἳ⟩ Stephanus || 21–22 τὴν πρόσοψιν ἡδεῖαν] οἰκείαν
τὴν πρόσοψιν ABDE  οἰκίας τ. πρ. Wurm || 22 ὥρας Reiske  χώρας codd.

χέσιν ὑπήρειστο καὶ γλυφαῖς φιλοτέχνοις διειλημμένος· ἀγάλματά τε 25
τῶν θεῶν ἀξιολογώτατα, τῇ τέχνῃ διάφορα καὶ τοῖς βάρεσι θαυμαζό-
2 μενα. κύκλῳ δὲ τοῦ ναοῦ τὰς οἰκίας εἶχον οἱ θεραπεύοντες τοὺς θεοὺς
ἱερεῖς, δι' ὧν ἅπαντα τὰ περὶ τὸ τέμενος διῳκεῖτο. ἀπὸ δὲ τοῦ ναοῦ
δρόμος κατεσκεύαστο, τὸ μὲν μῆκος σταδίων τεττάρων, τὸ δὲ πλάτος
3 πλέθρου. παρὰ δὲ τὴν πλευρὰν ἑκατέραν τοῦ δρόμου χαλκεῖα μεγάλα 30
κεῖται, τὰς βάσεις ἔχοντα τετραγώνους· ἐπ' ἐσχάτῳ δὲ τοῦ δρόμου τὰς
πηγὰς ἔχει λάβρως ἐκχεομένας ὁ προειρημένος ποταμός. ἔστι δὲ τὸ
φερόμενον ῥεῦμα τῇ λευκότητι καὶ γλυκύτητι διαφέρον, πρός τε τὴν
τοῦ σώματος ὑγίειαν συμβαλλόμενον τοῖς χρωμένοις· ὀνομάζεται δ' ὁ
4 ποταμὸς οὗτος Ἡλίου ὕδωρ. περιέχει δὲ τὴν πηγὴν ὅλην κρηπὶς λιθίνη 35
πολυτελής, διατείνουσα παρ' ἑκατέραν πλευρὰν σταδίους τέτταρας·
ἄχρι δὲ τῆς ἐσχάτης κρηπῖδος ὁ τόπος οὐκ ἔστι βάσιμος ἀνθρώπῳ
5 πλὴν τῶν ἱερέων. τὸ δ' ὑποκείμενον πεδίον ἐπὶ σταδίους διακοσίους
καθιερωμένον ἐστὶ τοῖς θεοῖς, καὶ τὰς ἐξ αὐτοῦ προσόδους εἰς τὰς θυσίας ἀναλίσκουσι.                                                                    40

### De animalibus
**39.** DIODORVS Bibl. hist. V 45, 1
μετὰ δὲ τὸ ὄρος τοῦτο καὶ κατὰ τὴν ἄλλην Παγχαῖτιν χώραν ὑπάρ-

---

Diod. II 57, 3 εἶναι δὲ καὶ πηγὰς ὑδάτων δαψιλεῖς, τὰς μὲν θερμῶν εἰς λουτρὰ καὶ
κόπων ἀφαίρεσιν εὐθέτους, τὰς δὲ ψυχρῶν, τῇ γλυκύτητι διαφόρους καὶ πρὸς ὑγίειαν
συνεργεῖν δυναμένας. de significatione aquae in ritu lustrali vide Rohde[2] II 405 sq.,
Nilsson[4] I 103, Burkert 132 sq. 135, cf. Ninck 153 adn. 1. fontes in τεμένοις occurren-
tes – Argos (Heraion): Paus. II 17, 1; Athenae, θάλασσα in Acropoli: Herod. VIII 55,
cf. Pl. Crit. 112 D; Delphi, Κασσοτίς: Paus. X 24, 7 (cf. Roux 126–134) et Κασταλία:
Paus. X 8, 9; Didyma: Iambl. De myst. III 11 p. 127 Parthey; Eleusis, Καλλίχορον:
Hymn. hom. Cer. 272, Paus. I 38, 6 (cf. Richardson 326–328); Claros: Iambl. De myst.
III 11 p. 124 Parthey; Tegea (Athena Alea): Paus. VIII 47, 4 ‖ 44, 1–2 cf. templum Ne-
ptuni ap. Pl. Crit. 116 D–117 A. de templis Graecis vide e.g. Stengel 21–31, Schefold[2],
Zumschlinge 34 sq., Burkert 148–154. τέμενος in templis Graecis: Stengel 17–21,
Latte, Burkert 142–146, in templis Aegyptiis: Otto I 282–287. δρόμος in templis Grae-
cis (e. g. Delos, Delphi, Didyma): Wachsmuth 1716 sq., in templo Aegyptio describit
Strabo XVII 1, 28 ‖ 30 χαλκεῖα i. e. statuae ex aere aut vasa ahenea (Wesseling 598 coll.
Δωδωναῖον χαλκίον ap. Steph. Byz. s. v. Δωδώνη p. 249 Meineke) ‖ 35 Ἡλίου ὕδωρ] cf.
Diod. XVII 50, 4 Ἡλίου κρήνη et Herod. IV 181 ἡ κρήνη καλέεται ἡλίου. vide Bidez 44
cum adn. 3 ‖ 37 οὐκ ἔστι βάσιμος] cf. Herod. III 37, Pl. Crit. 116 C, Paus. II 10, 2 et 4,
VI 20, 3, VIII 10, 3; 31, 5; 36, 3; 38, 6. vide Hewitt, Herzog 8 sq. ‖ 39 cf. Pl. Crit.

---

25 ὑπερήρειστο D ‖ φιλοτέχνως Wurm ‖ διειλημμένοις F ‖ 31 ἐσχάτου E ‖ τὰς om. v ‖
33 καὶ γλυκύτητι om. D ‖ 39 1 παγχαιτην D Παγχαῖτιν Jacoby Παγχαῖτιν Ziegler[2]
494

χειν φασὶ ζῴων παντοδαπῶν πλῆθος· ἔχειν γὰρ αὐτὴν ἐλέφαντάς τε πολλοὺς καὶ λέοντας καὶ παρδάλεις καὶ δορκάδας καὶ ἄλλα θηρία πλείω διάφορα ταῖς τε προσόψεσι καὶ ταῖς ἀλκαῖς θαυμαστά.

### De insulae Panchaiae apud scriptores Latinos memoria

**40.** LVCRETIVS De rerum natura II 417
*araque Panchaeos exhalat propter odores.*

**41 A.** VERGILIVS Georgica II 139
*totaque turiferis Panchaia pinguis harenis*

**41 B.** VERGILIVS Georg. IV 379
(...) *Panchaeis adolescunt ignibus arae.*

**41 C.** VERGILIVS Culex 87 sq.
(...) *illi Panchaia tura*
*floribus agrestes herbae variantibus adsunt.*

**42.** PS.-TIBVLLVS (= LYGDAMVS) Carmina III 2, 23
*illic quas mittit dives Panchaia merces*

**43 A.** OVIDIVS Metam. X 307–310
(...) *sit dives amomo*
*cinnamaque costumque suum sudataque ligno*
*tura ferat floresque alios Panchaia tellus,*
*dum ferat et murram: tanti nova non fuit arbor.*

**43 B.** OVIDIVS Metam. X 476–478
*Myrrha fugit tenebrisque et caecae munere noctis*

---

114 E–115 A et Iambul. ap. Diod. II 58, 2–5. de avibus vide Diod. (T 38) ὀρνέων τε πλῆθος παντοδαπῶν ἐννεοττεύεται, ταῖς χρόαις διάφορα καὶ ταῖς μελῳδίαις μεγάλην παρεχόμενα τέρψιν. de avibus in utopia hellenistica obviis vide Jacobson 161. 220 adn. 44 ‖ **40–48** poetas Romanos non ab Ennio pendere, sed ex Manilio aliove auctore, qui Panchaiam iam in Arabiae continentem transtulit, sumpsisse putat v. Gils 99 secutus Kuiperum, cuius verba in app. ad T 84 attulimus. quam sententiam recte reiecerunt Jacoby[1] 954 et v. d. Meer 100, cf. Johnston 68 sq. vide etiam Némethy[1] 79 ‖ **40** alios poetas a Lucretio pendere putant Jacoby[1] 954 et Lilja 44. vide Bömer[2] 120 ‖ **41 A** respexit Schol. Pers. III 74 p. 305 Jahn ‖ **41 B** excerpserunt Nonius, De comp. doct. l. 1 (I 82 Lindsay) et Arusianus, Exempla eloc. (Gr. Lat. VII 457 Keil) ‖ **43 A** cf. Bömer[2] 119 sq.

3. 4 πλείω θηρία v ‖ **41B** pancaeis M ‖ **41C** 1 pancheia Γ pancheia V ‖ 2 herbis CLΓ | variantibus] spirantibus Baehrens | adsunt] addunt Γ coni. Ribbeck coll. v. 137 adflant Haupt ‖ **42** illic] illuc Luck | dives] pinguis Q c ‖ **43A** 3 panchaica LNWv

31

*intercepta neci est latosque vagata per agros*
*palmiferos Arabas Panchaeaque rura reliquit.*

**44.** APVLEIVS De mundo 35
*videas illam civitatem pariter spirantem Panchaeis odoribus et graveolenti-*
*bus caenis, resonantem hymnis et carminibus et canticis, eandem etiam la-*
*mentis et ploratibus heiulantem.*

**45.** ARNOBIVS Adversus nationes VII 27
*nam si honorantur hoc numina nec indigne sustinent Panchaicas sibi ar-*
*dere resinulas, quid interest, unde fumus altaribus conficiatur in sanctis vel*
*ex visci quo genere nubes suffitionis exaestuent?*

**46.** LACTANTIVS De ave Phoenice 87 sq.
*his addit teneras nardi pubentis aristas*
*et sociam myrrae vim, Panachaea, tuae.*

**47 A.** CLAVDIANVS De raptu Proserpinae 81
*quidquid turiferis spirat Panchaia silvis*

**47 B.** CLAVDIANVS De tertio consulatu Honorii 210 sq.
*vobis rubra dabunt pretiosas aequora conchas,*
*Indus ebur, ramos Panchaia, vellera Seres.*

**47 C.** CLAVDIANVS De nuptiis Honorii Augusti 94 sq.
*hic casiae matura seges, Panchaeaque turgent*
*cinnama, nec sicco frondescunt vimina costo* (...)

**48.** SIDONIVS APOLLINARIS Carmina V 41 sq. 47
   (...) *tum quaeque suos provincia fructus*
*exposuit: fert Indus ebur, Chaldaeus amomum* (...)
*aurum Lydus, Arabs guttam, Panchaia myrrham* (...)

(d) De Urano

**49.** DIODORVS Bibl. hist. VI 1, 8–9 ap. EVSEB. Praep. evang. II 2,
58–59

---

**44** 'auctor imitatus esse videtur Lucretii versum' Némethy[2] 13

**43B 3** *relinquit* **MW** ‖ **44 1** *spirantes* **B** ‖ **2** *eadem* **B** ‖ **46 2** *sociat* **A** Baehrens     *socia*
**C** | *vim*] *vini* **C** | *Panachaea* (pro *Panchaea*) codd. rec., Baehrens, Knappitsch, Walla
*panachea* **BC**     *panacea* codd. rec., Brandt     *panacheę* **A** | *tuae* Baehrens, Knappitsch,
Walla     *tuę* **A**     *tuam* codd. rec., Brandt     *turis* **B**     *ture* **C** ‖ **47A** *odoriferis* **J**$_3$ **C**$_1$ alii
*roriferis* vel *floriferis* codd. dett. | *spirat*] *spargit* cod. Bartholini | *pancaia* **C**$_1$ ‖ **47B 1** *ae-*
*quora*] *littora* **F** | **2** *panchaala* **n**$_1$     *panchara* **P** ‖ **47C 1** *panchaiaque* **F**$_2$$^{ac}$, Exc. Gyr.
*pangaeaque* **P**$_2$$^{pc}$ **LR**$^{ss}$ **W**$_1$ **J**$_3$ **n**$_1$ | *surgunt* codd. dett.

TESTIMONIA

μετὰ ταῦτά φησι (scil. Εὐήμερος) πρῶτον Οὐρανὸν γεγονέναι βασιλέα,
ἐπιεικῆ τινα ἄνδρα καὶ εὐεργετικὸν καὶ τῆς τῶν ἄστρων κινήσεως
ἐπιστήμονα, ὃν καὶ πρῶτον θυσίαις τιμῆσαι τοὺς οὐρανίους θεούς· διὸ
καὶ Οὐρανὸν προσαγορευθῆναι. υἱοὺς δὲ αὐτῷ γενέσθαι ἀπὸ γυναικὸς
5 Ἑστίας Τιτᾶνα καὶ Κρόνον, θυγατέρας δὲ Ῥέαν καὶ Δήμητρα.

**50.** Diodorvs Bibl. hist. V 44, 5–6
μετὰ δὲ τὸ προειρημένον πεδίον ὄρος ἐστὶν ὑψηλόν, καθιερωμένον μὲν
θεοῖς, ὀνομαζόμενον δὲ Οὐρανοῦ δίφρος καὶ Τριφύλιος Ὄλυμπος.
μυθολογοῦσι γὰρ τὸ παλαιὸν Οὐρανὸν βασιλεύοντα τῆς οἰκουμένης
προσηνῶς ἐνδιατρίβειν ἐν τῷδε τῷ τόπῳ, καὶ ἀπὸ τοῦ ὕψους ἐφορᾶν
5 τόν τε οὐρανὸν καὶ τὰ κατ’ αὐτὸν ἄστρα. (sequitur T 34)

**51 A.** Lactantivs Divinae institutiones I 13, 14
*Ennius quidem in Euhemero non primum dicit regnasse Saturnum, sed*
*Uranum patrem. initio, inquit, primus in terris imperium summum Caelus*
*habuit. is id regnum una cum fratribus suis sibi instituit atque paravit.*

**51 B.** Lactantivs Epit. div. inst. 14, 2–4
*Saturni patrem Uranum fuisse vocitatum et Hermes auctor est et Sacra Hi-*

**49** 1 de Urano vide West² 198–201 ‖ 2-3 cf. Dionys. Scyt. (FGrH 32 F 7 = F 6 Rusten²) ap. Diod. III 56, 5 διά τε τὰς εὐεργεσίας καὶ τὴν τῶν ἄστρων ἐπίγνωσιν ἀθανά-
τους τιμὰς ἀπονεῖμαι (scil. Οὐρανῷ) ‖ 3 πρῶτον θυσίαις (...)] aliter Lact. (T 64 A), cf.
Sieroka 8 ‖ 3-4 διὸ καὶ Οὐρανὸν προσαγορευθῆναι] aliter Lact. (T 62) de sui avi nomine
caelum nomen indidit. quam Lactantii interpretationem recte secuti sunt Sieroka 10,
Hirzel² 395 adn. 3, Langer 56–59, Spoerri¹ 191 sq., Thraede² 878, Cole 202 adn. 2. vide
Dion. Scyt. (FGrH 32 F 7 = F 6 Rusten²) ap. Diod. III 56, 5 μεταγαγεῖν δ’ αὐτοῦ (scil.
Οὐρανοῦ) τὴν προσηγορίαν ἐπὶ τὸν κόσμον et Philo (FGrH 790 F 2) ap. Eus. Praep. ev.
I 10, 15 ὡς ἀπ’ αὐτοῦ (scil. Οὐρανοῦ) καὶ τὸ ὑπὲρ ἡμᾶς στοιχεῖον δι’ ὑπερβολὴν τοῦ
κάλλους ὀνομάζειν οὐρανόν. cf. Diod. III 57, 5; 60, 3. aliter Block 36 sq. adn. 0, Némethy¹ 25, Jacoby¹ 957. 969 coll. Diod. I 13, 2 καὶ πρῶτον μὲν Ἥλιον βασιλεῦσαι τῶν
κατ’ Αἴγυπτον ὁμώνυμον ὄντα τῷ κατ’ οὐρανὸν ἄστρῳ, cf. Orac. Sib. III 111 sq. vide
etiam Jacoby¹ 957 ‘διὸ καὶ οὐρανὸς προσηγορεύθη kann verschieden gefaßt werden, je
nachdem man Οὐρανός oder οὐρανός liest’, cf. Langer 58 ‖ **50** 3 cf. de Iove ἐβασίλευσε
τῆς οἰκουμένης ἁπάσης (T 36) et ἐβασίλευε τῆς οἰκουμένης (T 35) ‖ **51 A** initio – paravit Ennius F 1 Vahlen², cf. Krug¹ 22–25. fragmenta de Urano e Lactantii opere petita
excerpsit Boccaccio, Geneal. deor. gent. (I 119 sqq. Romano). de Caelo vide Pease
707 sq. ‖ **51 B** initio – paravit Ennius F 1 Vahlen²

**49** 1 μετὰ] κατὰ Heikel | βασιλέα γεγονέναι **BONV** ‖ 2 εὐεργέτην **BONV** ‖ 3-4 διὸ
καὶ ⟨τὸν κόσμον⟩ Οὐρανὸν Kaerst 194 adn. 0 et v. d. Meer 40 (cf. Cole 205 adn. 6) ‖ 5 Τιτᾶνα Dindorf πᾶνα codd. ‖ **50** 2 τριφύλλιος **D**ᵃ ‖ 4 ἐν om. **CF** ‖ **51A** 1 euemero **V**
eumero **HM** ‖ 2 caelius **HM** ‖ 3 is] his **S** | id] in **S** ‖ **51B** 1 istoria **T**

33

*storia docet. Trismegistus paucos admodum fuisse cum diceret perfectae doctrinae viros, in iis cognatos suos enumeravit, Uranum Saturnum Mercurium. Euhemerus eundem Uranum primum in terram regnasse commemorat his verbis: initio primus in terris inperium summum Caelus habuit. is id 5 regnum una cum fratribus suis sibi instituit atque para⟨vit⟩.*

**52.** LACTANTIVS Div. inst. I 11, 65

*cui ergo sacrificare potuit nisi Caelo avo, quem dicit Euhemerus in Oceania mortuum et in oppido Aulacia sepultum?*

(e) De Saturno

**53.** DIODORVS Bibl. hist. VI 1, 9 ap. EVSEB. Praep. evang. II 2, 59

Κρόνον δὲ βασιλεῦσαι μετὰ Οὐρανόν, καὶ γήμαντα 'Ρέαν γεννῆσαι Δία καὶ "Ηραν καὶ Ποσειδῶνα.

**54.** LACTANTIVS Div. inst. I 14, 1–8

1 *nunc, quoniam ab iis quae rettuli aliquantum Sacra Historia dissentit, aperiamus ea quae veris litteris continentur, ne poetarum ineptias in accusan-*
2 *dis religionibus sequi ac probare videamur. haec Ennii verba sunt: exim Saturnus uxorem duxit Opem. Titan, qui maior natu erat, postulat ut ipse regnaret. ibi Vesta mater eorum et sorores Ceres atque Ops suadent Sa- 5*
3 *turno, uti de regno ne concedat fratri. ibi Titan, qui facie deterior esset quam Saturnus, idcirco et quod videbat matrem atque sorores suas operam dare uti Saturnus regnaret, concessit ei ut is regnaret. itaque pactus est cum Saturno, uti si quid liberum virile secus ei natum esset, ne quid educaret. id*

---

52 *Caelo – sepultum* Ennius F 2 Vahlen[2] ‖ 1 cf. Diod. (T 61) Οὐρανοῦ (...) βωμὸν ἱδρύσασθαι et Lact. (T 62) *Caelo primusque in ea ara Iuppiter sacrificavit* | *Oceania*] Panchaiae regio ab Oceanitis habitata (Block 32, Némethy[1] 79 sq.). v.d. Meer 79 sq. autem comparat Oceaniam cum urbe Ὠκεανίς ap. Diod. V 45, 2 (T 35) ‖ 2 *Aulacia*] cf. Ribbeck 46 'Topfstadt, von den Aschentöpfen der Bestatteten' ‖ 53–55 de Saturno vide T 58, 66 ‖ 53 Diodorus Plutonem et Glaucam omisit, de quibus Lact. (T 54) scribit ‖ 54 3-19 *exim – traditum est* Ennius F 3 Vahlen[2], 20-23 *deinde – apponit* Ennius F 4

3 *numeravit* Davisius ‖ 4 *terra* Davisius ‖ 6 *para⟨vit⟩* Pfaff ‖ 52 1 *evo* S | *occeania* S *oceani* H ‖ 2 *aut lacia* R *aulatia* S *Huracia* Némethy[1] 80, Bolisani coll. Diod. V 45, 2 (T 35) Ὑραχίαν *Atlantia* Bianchini ap. Pfister[1] 387 coll. Diod. III 56 (reiecit v. d. Meer 79 adn. 4) ‖ 54 1 *his* R[2] S H P V, Monat | *rettulimus aliquantulum* R | *aperimus* H M *aperiam* P ‖ 2 *veris*] *sacris* P[1] ‖ 3 *Ennii* edd. *enni* R V *enim* S H | *verba*] *vera* H | *exin* S H, Monat *eximius* R[2] ‖ 4 *ducit* Baehrens | *postulavit* R ‖ 5 *ubi* P V *opis* S H M ‖ 6 *ne*] *non* R P ‖ 8 *ut*] *uti* R ‖ 9 *ut* H M | *viriles* P | *sexum* R[ac] *sexus* S P[pc] | *quid*[2] om. S H M *id* coni. Brandt

10 *eius rei causa fecit, uti ad suos gnatos regnum rediret. tum Saturno filius* 4
*qui primus natus est, eum necaverunt. deinde posterius nati sunt gemini, Iup-*
*piter atque Iuno. tum Iunonem Saturno in conspectum dedere atque Iovem*
*clam abscondunt dantque eum Vestae educandum celantes Saturnum. item* 5
*Neptunum clam Saturno Ops parit eumque clanculum abscondit. ad eun-*
15 *dem modum tertio partu Ops parit geminos Plutonem et Glaucam. Pluto*
*Latine est Dis pater, alii Orcum vocant. ibi filiam Glaucam Saturno osten-*
*dunt, at filium Plutonem celant atque abscondunt. deinde Glauca parva*
*emoritur. haec, ut scripta sunt, Iovis fratrumque eius stirps atque cognatio:* 6
*in hunc modum nobis ex sacra scriptione traditum est. item paulo post* 7
20 *haec infert: deinde Titan postquam rescivit Saturno filios procreatos atque*
*educatos esse clam se, seducit secum filios suos qui Titani vocantur, fra-*
*tremque suum Saturnum atque Opem conprehendit eosque muro circumegit*
*et custodiam iis apponit. haec historia quam vera sit, docet Sibylla Ery-* 8
*thraea eadem fere dicens, nisi quod in paucis quae ad rem non attinent dis-*
25 *crepat.*

**55.** IOANNES LAVRENTIVS LYDVS De mensibus IV 154 p. 170 Wünsch
καὶ βασιλεῦσαι δὲ αὐτὸν (scil. Κρόνον) ἡ ἱστορία πα[ρα]δίδωσιν, [ὡς
ἔμπρο]σθεν ἀφηγησάμην, κ[ατά] τε τὴν Λιβύην [καὶ] Σικελίαν [καὶ
τοὺς ἑσπερίους τό]πους καὶ π[ό]λιν κτίσαι, ὡς ὁ Χάραξ φησί, τ[ὴν
τότε μὲν λεγ]ομένην Κρονίαν, νῦν δὲ Ἱερὰν πόλιν, ὡς Ἰσίγονος [περὶ

Vahlen², cf. Pasquali 38–53, Kappelmacher 92 sq., Bolisani 121 sq., 145, Krug¹
25–50, Krug² 58, Laughton 37–39. fragmenta de Saturno e Lactantio hausta respexit
Boccaccio, Geneal. deor. gent. (I 387 sqq. Romano) ‖ **15-16** *Pluto – vocant*] verba ab Ennio addita, cf. Kappelmacher 93 ‖ **18-19** *haec – traditum est*] Ennio abrogant Pasquali 39
et Bolisani 145, aliter Laughton 49 adn. 1 ‖ **19** *in hunc – traditum est*] Ennio non tribuit
Jacoby³ I A, 310, cf. Warmington 420 adn. 31. vide app. ad T 10 ‖ **23** *Sibylla*] cf. Orac.
Sib. III 110–154. 199–201. de euhemerismo in Oraculis Sibyllinis occurrente vide e.g.
Némethy³, Geffcken¹ 93–98, Jacoby¹ 971 sq., Schnabel 78–93, Peretti 100–121, Niki-
prowetzky¹ 29–33. 115–117. 123 sq., Nikiprowetzky² 509–515 ‖ **55** Charax FGrH 103
F 32, Isigonus F 20 (FHG IV 437), Polemo F 102 (FHG III 148), Aeschylus F 11
Nauck² = F 11 Radt

**10** *natos* **S H**¹ | *tunc saturni* **P** | *filios* **H**¹ ‖ **12** *conspectu* **H M** ‖ **13** *saturno* **S H M** ‖
**13-14** *item – Saturno* om. **R** ‖ **14** *opis* **H** ‖ **15** *opis* **H M** ‖ **16** *est latine* **R** | *Dis pater* edd.
*diis pater* **P**¹**V** *diespiter* **R S P**², Monat *dispiter* **H** ‖ **18** *uti* **P V** ‖ **19** *ex* om. **S H M** ‖ **20** *in-*
*feret* **H M** ‖ **21** *se* om. **H M P** | *vocabantur* **S H M** ‖ **22** *muros* **R S** ‖ **23** *his* **R**²**S H P V**, Mo-
nat ‖ **24** *quod in* om. **R** | *rem* om. **R**¹ *id* add. **R**² ‖ **55** **2-3** [καὶ τοὺς ἑσπερίους τό]πους
Wuensch coll. Diod. III 61, 3 [οἰκίσαι τε τό]πους Hase ‖ **3** κτῆσαι **O** ‖ **4. 5** [περὶ
Παλ]ικῶν M. Mayer ⟨ἐν τῷ⟩ [περὶ Παλ]ικῶν Mette [περὶ Ἰταλ]ικῶν coni. Radt
[περὶ Ἑλλην]ικῶν Hase

Παλ]ικῶν θεῶν καὶ Πολέμων καὶ Αἰσχύλος ἐν τῇ Αἴτνῃ π[αραδιδόασιν 5
ἢ ὡς πᾶσ]α ἡ ἱστορία κατὰ τὸν Εὐήμερον ποικίλλ[εται, σοφῶς τὴν]
τῶν λεγομένων θεῶν [ὑ]πογράφουσα θε[ωρίαν .............. ἀπ]οκρύπ-
τει. τ[......]ον[..]τοδαπ[.]εσοντα θεῖα · [ὥστε καὶ κ]α[λῶς] ὁ Π[.........
ἐν τ]ῷ περὶ Διονύσου φησί, τοὺς [δικαίους τῶν βασ]ιλέω[ν καὶ
ἱε]ρέων ταῖς ἴσαις τιμ[αῖς μὲν] ὑπ' αὐ[τῶν τῶν] θεῶν καὶ προσηγορίαις 10
τιμηθῆν[αι καὶ] ταύτῃ [μὲν θεοὺς κληθῆναι μυθ]ικῶς, τὴν δὲ ἱστορίαν
πεπ[λασμένως] παρα[δεδ]όσθαι.

(f) De Iove

### De Iove cum Titano Titanisque pugnante
**56.** LACTANTIVS Div. inst. I 14, 10
*reliqua historia sic contexitur: Iovem adultum, cum audisset patrem atque
matrem custodiis circumsaeptos atque in vincula coniectos, venisse cum
magna Cretensium multitudine Titanumque ac filios eius pugna vicisse, parentes vinculis exemisse, patri regnum reddidisse atque ita in Cretam remeasse.* (sequitur T 58)                                                          5

**57.** LACTANTIVS Div. inst. I 11, 64–65
*Caesar quoque in Arato refert Aglaosthenen dicere* (FGrH 499 F 2), *Iovem cum ex insula Naxo adversus Titanas proficisceretur et sacrificium fa-
ceret in litore, aquilam ei in auspicium advolasse, quam victor bono omine
acceptam tutelae suae subiugarit. Sacra vero Historia etiam ante consedisse illi aquilam in capite atque ei regnum portendisse testatur.* (sequitur 5
T 52)

9 ἐν τῷ Περὶ Διονύσου (...)] haec ad Euhemerum refert Block 41, cui tamen recte
oblocutus est Némethy[1] 80 ‖ **56** *Iovem – remeasse* Ennius F 5 Vahlen[2], cf. Krug[1] 69 sq.
fragmenta de Iove e Lactantio sumpta respexit Boccaccio, Geneal. deor. gent. (II
533 sqq. Romano) ‖ **2–3** *cum magna Cretensium multitudine*] cf. T 95 ‖ **57** *consedisse – portendisse* Ennius F 5 Vahlen[2]. cf. Eratosth. Catast. F 30 Robert, Hyg. Astr. II 16, 2, Serv.
Verg. Aen. IX 564, Ps.-Acro Hor. Carm. IV 4, Fulg. Myth. I 20 (= Myth. Vat. II 198 =
Myth. Vat. III 3, 4), Schol. BP Germ. Caes. Arat. p. 91 Breysig, Schol. G Germ. Caes.
Arat. p. 161 Breysig. vide Robert 243, Jacoby[3] III b 1, 415, Schwabl[2] 1212 sq.

5 ἔτνη O ‖ 6 ἢ] καὶ coni. Wuensch ‖ 8 Π[ολύχαρμος] coni. Wuensch coll. FHG IV 480
Π[λούταρχος] coni. Hase ‖ 11 [μὲν θεοὺς κληθῆναι] Wuensch [εἰρῆσθαι] Hase ‖ **56** 2 *in*
om. S ‖ 3 *cretensium* V | *pugna vicisse*] *pugnando* P[1] in mg. *vicisse* P[2] *pugnavisse* V ‖
4 *ita* om. S H ‖ **57** 1 *aglaosthenem* R    *aglaosthennen* S    *aglasthenen* H ‖ 4 *subiugaret* R ‖
5 *aquila* H | *ei* om. H

## De Iove cum patre Saturno pugnante

**58.** LACTANTIVS Div. inst. I 14, 11–12

*post haec deinde Saturno sortem datam, ut caveret ne filius eum regno expelleret; illum elevandae sortis atque effugiendi periculi gratia insidiatum Iovi, ut eum necaret; Iovem cognitis insidiis regnum sibi denuo vindicasse ac fugasse Saturnum. qui cum iactatus esset per omnes terras persequenti-*
5 *bus armatis, quos ad eum conprehendendum vel necandum Iuppiter miserat, vix in Italia locum in quo lateret invenit.*

**59.** AVGVSTINVS Epistulae 17, 1

*primo enim Olympi montis et fori vestri comparatio facta est, quae nescio quo pertinuerit, nisi ut me commonefaceret et in illo monte Iovem castra posuisse, cum adversus patrem bellum gereret, ut ea docet historia, quam vestri etiam sacram vocant (…)*

## De Iovis familia

**60.** DIODORVS Bibl. hist. VI 1, 9 ap. EVSEB. Praep. evang. II 2, 60

τὸν δὲ Δία διαδεξάμενον τὴν βασιλείαν γῆμαι Ἥραν καὶ Δήμητραν καὶ Θέμιν, ἐξ ὧν παῖδας ποιήσασθαι Κουρῆτας μὲν ἀπὸ τῆς πρώτης, Περσεφόνην δὲ ἐκ τῆς δευτέρας, Ἀθηνᾶν δὲ ἀπὸ τῆς τρίτης.

---

**58** *post – invenit* Ennius F 5 Vahlen², cf. Krug¹ 69 sq. ‖ **4** *fugasse Saturnum*] de Saturno fugiente et in Italia regnante vide Verg. Aen. VIII 318–325, Iust. Epit. XLIII 1, 5, Min. Fel. Oct. 23, 9–13 (= 21, 4–8), Herodian. Hist. I 16, 1, Cypr. Quod idola 2, Arnob. Adv. nat. IV 24, Lact. Div. inst. I 13, 8–13, cf. V 5, 9, Firm. Mat. De errore XII 8, Serv. Verg. Aen. VIII 319, Aug. De cons. evang. I 23, 34; I 25, 38, Prud. Perist. X 206–210 et C. Symm. I 45–58; cf. Tib. II 5, 9 *(Saturno fugato)* et Iuv. Sat. XIII 39 *(Saturnus fugiens).* vide Jacoby¹ 956, Lovejoy-Boas 55–58, Gatz 123–125, Johnston 63–65. 67–69, Wifstrand Schiebe 22 sq. 35 sq. 135 sq. adn. 2:11 (fabulam illam a Vergilio inventam esse falso putat), Kubusch 104–106 ‖ **6** *vix in Italia locum in quo lateret invenit*] his verbis etymologia Latii continetur, quam secuti sunt Verg. Aen. VIII 322 sq., Ovid. Fasti I 238, Min. Fel. Oct. 23, 11 (= 21, 6), Herodian. Hist. I 16, 1, Arnob. Adv. nat. IV 24, Lact. Div. inst. I 13, 9–10, Aug. De cons. evang. I 23, 34 ‖ **60** de Iovis fratribus sororibusque vide T 54. de Curetibus cf. T 69 A *(Curetes filii sui)*, Dion. Scyt. (F 11 Rusten²) ap. Diod. III 61, 2 δέκα παῖδας γεννῆσαι τοὺς ὀνομασθέντας Κούρητας, Strabo X 3, 1–23. vide Poerner 245 sqq. 324 sqq., Schwenn, Jeanmaire 593–616, cf. 427–444, Willets 208–214, West¹

**58** 1 *caverit* **R** | *pelleret* **R** ‖ 2 *fugiendi* **S H** ‖ 4 *omnis* **R V** ‖ **59** 2 *me* om. **E** | *et* om. edd. praeter a ‖ 3 *bella* edd. ‖ 4 *sacra* **E M A** ‖ **60** 1 τ. βασ. τοῦ χρόνου **B O N V** | Ἥραν] ῥέαν **B O N V**

EVHEMERVS

*De Iovis peregrinationibus*

**61.** DIODORVS Bibl. hist. VI 1, 10 ap. EVSEB. Praep. evang. II 2, 61
ἐλθόντα δὲ εἰς Βαβυλῶνα ἐπιξενωθῆναι (scil. τὸν Δία) Βήλῳ, καὶ μετὰ
ταῦτα εἰς τὴν Παγχαίαν νῆσον πρὸς τῷ ὠκεανῷ κειμένην παραγενό-
μενον Οὐρανοῦ τοῦ ἰδίου προπάτορος βωμὸν ἱδρύσασθαι. (sequitur
T 63)

**62.** LACTANTIVS Div. inst. I 11, 60–61. 63
non ergo mirandum si nomina eorum caelo terraeque attributa essent, qui
61 reges genuerant potentissimos. apparet ergo non ex caelo esse natum, quod
63 fieri non potest, sed ex homine cui nomen Urano fuit (…) in Sacra Historia sic Ennius tradit: deinde Pan eum deducit in montem, qui vocatur Caeli
sella. postquam eo ascendit, contemplatus est late terras ibique in eo monte 5
aram creat Caelo primusque in ea ara Iuppiter sacrificavit. in eo loco su-
spexit in caelum quod nunc nos nominamus, idque quod supra mundum
erat, quod aether vocabatur, de sui avi nomine caelum nomen indidit idque
Iuppiter quod aether vocatur placans primus caelum nominavit eamque

**61–63** (a) cf. T 69 A *(quinquies terras circuivit)*, 69 B, Diod. V 71, 2 ἐπελθεῖν δ' αὐτὸν
(scil. Δία) καὶ τὴν οἰκουμένην σχεδὸν πᾶσαν τοὺς μὲν λῃστὰς καὶ ἀσεβεῖς ἀναιροῦντα,
τὴν δ' ἰσότητα καὶ τὴν δημοκρατίαν εἰσηγούμενον. Euhemerum, cum Iovis peregrinationes describeret, res gestas Alexandri Magni imitatum esse recte putabant v. Gils
30 sqq., Kaerst 183, Kern³ III 123, Schwartz² 115 sq., Helm 26, cf. Dörrie¹ 221 adn.1. –
(b) Bergman 39 adn. 3 'Bei Diod. Sic. ist das Motiv des ἐπελθεῖν ἅπασαν τὴν οἰκουμένην sehr oft zu belegen, z. B. I 17, 1; 20, 3; III 3, 1; 61, 1 und 4; 62, 2; 63, 4; 64, 6;
73, 6; 74, 2 und 4; IV 1, 7; 2, 5; 8, 5; 17, 3'. vide Pfister¹ 164–166. 381 et Sartori
498–501. de Osiride: Diod. I 17, 1–2 στρατόπεδον μέγα συστήσασθαι, διανοούμενον
ἐπελθεῖν ἅπασαν τὴν οἰκουμένην καὶ διδάξαι τὸ γένος τῶν ἀνθρώπων. cf. I 27. de Atlante: Dion. Scyt. (FGrH 32 F 7 = F 6 Rusten²) ap. Diod. III 56, 3 κατακτήσασθαι δ'
αὐτὸν καὶ τῆς οἰκουμένης τὴν πλείστην καὶ μάλιστα τοὺς πρὸς τὴν ἑσπέραν καὶ τὴν
ἄρκτον τόπους. de Dionyso: Diod. IV 1, 7 ἐπελθεῖν ἅπασαν τὴν οἰκουμένην εὑρετὴν γε-
νόμενον τοῦ οἴνου καὶ τὴν φυτείαν διδάξαι τῆς ἀμπέλου τοὺς ἀνθρώπους. cf. III 73, 1 ‖
**62** deinde – adolevit Ennius F 6 Vahlen², cf. Krug¹ 50–54 ‖ 4 montem] i. e. Τριφύλιον
Ὄλυμπον (T 34, 50) ‖ 8 de sui avi nomine (…)] aliter Diod. (T 49), cf. app. ad hunc locum

**61** 1-3 ἐλθόντα – ἱδρύσασθαι om. B ‖ 2 παραγενόμενος ND ‖ **62** 1 ergo] enim SH ‖
2 natum esse P ‖ 4 tradidit H | Pan eum] pavenium R  Panchaeum Sieroka 15 adn., Né-
methy, coni. Warmington  Panchaeam eum coni. Warmington  Panchaiam Ganß ‖
5 sella Krahner 39 adn. 2, Némethy, Jacoby, Vallauri, Garbarino coll. Οὐρανοῦ δίφρος
(T 50)  stella codd.  stela Ciaconius, L. Müller, Brandt, Vahlen, Bolisani, Warming-
ton | terram sibique SH ‖ 6 creavit coni. Brandt | in² om. HM ‖ 7 idque] eique Brandt ‖
8 vocatur R  vocabatur ⟨cui⟩ L. Müller, coni. Jacoby | caelo PV L. Müller, Némethy,
Vahlen, Bolisani, Warmington ‖ 8-9 idque – nominavit del. Block 36 adn. 0, L. Müller ‖
9 vocabatur P  Némethy | placans] precans P | primum HM

10 *hostiam, quam ibi sacrificavit, totam adolevit. nec hic tantum sacrificasse Iuppiter invenitur.* (sequitur T 57)

**63.** Diodorvs Bibl. hist. VI 1, 10–11 ap. Evseb. Praep. evang. II 2, 61–62

κἀκεῖθεν διὰ Συρίας ἐλθεῖν (scil. τὸν Δία) πρὸς τὸν τότε δυνάστην Κάσσιον, ἐξ οὗ τὸ Κάσσιον ὄρος· ἐλθόντα δὲ εἰς Κιλικίαν πολέμῳ νικῆσαι Κίλικα τοπάρχην. καὶ ἄλλα δὲ πλεῖστα ἔθνη ἐπελθόντα παρὰ πᾶσιν τιμηθῆναι καὶ θεὸν ἀναγορευθῆναι. ταῦτα καὶ τὰ τούτοις πα-
5 ραπλήσια ὡς περὶ θνητῶν ἀνδρῶν περὶ τῶν θεῶν διελθὼν ἐπιφέρει λέγων (scil. Διόδωρος)· καὶ περὶ μὲν Εὐημέρου τοῦ συνταξαμένου τὴν Ἱερὰν Ἀναγραφὴν ἀρκεσθησόμεθα τοῖς ῥηθεῖσιν (...)

*De Iove cultum suum instituente*

**64 A.** Lactantivs Div. inst. I 22, 21–27

*Historia vero Sacra testatur ipsum Iovem, postquam rerum potitus sit, in tantam venisse insolentiam, ut ipse sibi fana in multis locis constituerit. nam cum terras circumiret, ut in quamque regionem venerat, reges princi-* 22 *pesve populorum hospitio sibi et amicitia copulabat, et cum a quoque di-*
5 *grederetur, iubebat sibi fanum creari hospitis sui nomine, quasi ut posset amicitiae ac foederis memoria conservari. sic constituta sunt templa Iovi* 23 *Ataburio, Iovi Labrayndio: Ataburus enim et Labrayndus hospites eius at-*

---

**63** de monte Cassio vide Steuernagel-Kees 2263 sq. ‖ **64 A 3-16** *nam – dedit* Ennius F 10 Vahlen², cf. Krug¹ 71 sq., Laughton 48 ‖ **3-11** Varronianam originem §§ 22–23 se detexisse putabat Mancini 309 coll. Tert. Apol. 14, cf. 10, sed hanc opinionem recte reiecit Jagielski 28 ‖ **7** Iup. Ataburius (= Ἀταβύριος) praecipue in insula Rhodo colebatur. vide e.g. Cook II 922–925, Eißfeldt² 15–22, Schwabl¹ 283, Schwabl² 1445. Iup. Labrayndius (= Λαβράυνδος) in Caria colebatur. vide Ganszyniec¹, Cook II 559–599, Schwabl¹ 328 sq., Schwabl² 1462 sq.

**10** sacravit L. Müller, Némethy ‖ **63 1-7** κἀκεῖθεν – ῥηθεῖσιν om. B ‖ **2** κάσβιον A | δὲ] τε A ‖ **3. 4** παρ' ἅπασι O N V ‖ **64 A 1** *rerum] regnum* B H M ‖ **2** *famam* H | *constitueret* Némethy ‖ **3** *circuiret* H M | *ut* om. P | *quacumque* P | *regem* V | *principesque* S H ‖ **4** *copulavit* B Pᵃᶜ ‖ **5** *ut] ita* L.Müller, Némethy | *possit* B ‖ **6** *ac] et* B | *si* S H V ‖ **7** *atavirio* H | *Labrayndio* Merkelbach 68 adn. 65   *Labryandio* R Brandt   *labyandro* B   *labriandrio* **S H**   *labriando* **P V**   *Labrandeo* Némethy   *Labrandio* L. Müller, Bolisani | *ataburius* **B S¹**   *atabrus* R   *atavirus* **H M**   *atabyrus* V | *Labrayndus* Merkelbach   *labyandrus* B   *labriandrius* S   *labrianderius* **H M**   *labriandus* **P V**

que adiutores in bello fuerunt; item Iovi Laprio, Iovi Molioni, Iovi Casio et
quae sunt in eundem modum. quod ille astutissime excogitavit, ut et sibi
honorem divinum et hospitibus suis perpetuum nomen adquireret cum reli- 10
24 gione coniunctum. gaudebant ergo illi et huic imperio libenter obsequeban-
25 tur et nominis sui gratia ritus annuos et festa celebrabant. simile quiddam
in Sicilia fecit Aeneas, cum conditae urbi Acestae hospitis nomen inposuit,
ut eam postmodum laetus ac libens Acestes diligeret augeret ornaret (cf.
26 Verg. Aen. V 718). hoc modo religionem cultus sui per orbem terrae Iup- 15
27 piter seminavit et exemplum ceteris ad imitandum dedit. sive igitur a Me-
lisseo, sicut Didymus tradidit (Lact. I 22, 19 sq. = p. 220 sq. Schmidt),
colendorum deorum ritus effluxit sive ab ipso Iove, ut Euhemerus, de tem-
pore tamen constat quando dii coli coeperint.

**64 B.** Lactantivs Epit. div. inst. 19, 4

Euhemerus autem in Sacra Historia ipsum Iovem dicit, postquam imperium ceperit, sibi multis in locis fana posuisse. nam circuiens orbem ut
quemque in locum venerat, principes populorum amicitia sibi et hospitii
iure sociabat. cuius rei ut posset memoria servari, fanum sibi creari iubebat
atque ab hospitibus suis annua festa celebrari. sic per omnes terras cultum 5
sui nominis seminavit.

**65.** Lactantivs Div. inst. I 11, 33

antiquus auctor Euhemerus, qui fuit ex civitate Messene, res gestas Iovis et

---

**8** Iup. Laprius (= Λάπριος?): Schwabl[1] 329 et 330 (Λάφριος?). Iup. Molion (= Mo-
λίων): Schwabl[1] 338. Iup. Casius (= Κάσιος vel Κάσσιος) vocatus est a monte Cassio et
in Syria et in Aegypto sito. vide Salač, Cook II 981–987, Eißfeldt[1] 30–48, Eißfeldt[2]
29–38, Schwabl[1] 320 sq., Schwabl[2] 1459 sq. cf. T 61 ἐπιξενωθῆναι Βήλῳ. → Iuppiter Be-
lus (cf. Herod. I 181, Diod. II 9, 4). vide Tümpel, Belos, RE III (1897) 261–263 et
Schwabl[1] 289 sq. de Iove Sabazio vide app. ad T 79 A ‖ **9** quod ille – excogitavit] Ennio
abrogat v. Gils 111 ‖ **12-14** simile quiddam – ornaret] Ennio abrogant L. Müller 210, Némethy[1] 85, v. Gils 112, sed eorum sententia a vero aberrare videtur (cf. Jacoby[3] I A, 312
app.) ‖ **16** exemplum ceteris ad imitandum dedit] cf. Dörrie[1] 218–224, Dörrie[3], Merkelbach
69 (de cultu Antiochi, regis in Commagene, qui I a. Chr. n. saec. vixit) ‖ **18** aliter Diod.
(T 49) ὃν (scil. Οὐρανὸν) καὶ πρῶτον θυσίαις τιμῆσαι τοὺς οὐρανίους θεούς, cf. Sieroka
8. de causis deificationis vide T 9, 26–28, 69 A–B ‖ **65** haec verba ab Ennio in prooe-
mio collocata esse credebant L. Müller 209 et Jacoby[1] 952

---

**8** labrio **B P**    lābrio **H**    Lapersio Schmidt (cf. Schwabl[1] 329 ‘nicht unwahrschein-
lich’) | mollioni **H M**    milioni **B** | cassio **B P** ‖ **9** et ut **V** ‖ **10** in perpetuum **B** | numen **H** ‖
**11** huic] adhuc **H** | libentes **B R S**, Monat ‖ **13** silicia **P** ‖ **14** eum **H M** ‖ **16** melisseo **R P** ‖
**17** sicut] ut **S H** ‖ **18** ipso quoque **P V** | euheremus **B**    heuhemerus **P V** | non de **H M** ‖
**19** non constat **R** | coeperunt **B** ‖ **64 B 1** storia **T** ‖ **65 1** messena **B**, Monat    messenę **H V**

*ceterorum qui dii putantur collegit historiamque contexuit ex titulis et in-*
*scriptionibus sacris quae in antiquissimis templis habebantur maximeque*
*in fano Iovis Triphylii, ubi auream columnam positam esse ab ipso Iove ti-*
5 *tulus indicabat, in qua columna sua gesta perscripsit, ut monumentum po-*
*steris esset rerum suarum. hanc historiam et interpretatus est Ennius et se-*
*cutus.* (sequitur T 70)

### De Iove legum conditore et iudice

**66.** LACTANTIVS Div. inst. I 13, 2

*idem* (scil. Saturnus) *sororem suam Rheam quam Latine Opem dicimus*
*cum haberet uxorem, responso vetitus esse dicitur mares liberos educare,*
*quod futurum esset ut a filio pelleretur. quam rem metuens natos sibi filios*
*non utique devorabat ut ferunt fabulae, sed necabat, quamquam scriptum*
5 *sit in Historia Sacra Saturnum et Opem ceterosque tunc homines huma-*

---

**66–67** vide T 69 A *(hominibus leges mores frumentaque paravit multaque alia bona fe-*
*cit)*, cf. T 69 B et Diod. V 71, 1 ‖ **66** *Saturnum – vesci* Ennius F 9 Vahlen², cf. Krug¹
70 sq. – (a) de Urano legum et morum conditore: Dion. Scyt. (FGrH 32 F 7 = F 6 Rusten²) ap. Diod. III 56, 3 τοὺς ἀνθρώπους σποράδην οἰκοῦντας συναγαγεῖν εἰς πόλεως
περίβολον, καὶ τῆς μὲν ἀνομίας καὶ τοῦ θηριώδους βίου παῦσαι τοὺς ὑπακούοντας, εὑ-
ρόντα τὰς τῶν ἡμέρων καρπῶν χρείας καὶ παραθέσεις καὶ τῶν ἄλλων τῶν χρησίμων οὐκ
ὀλίγα. de Saturno: Diod. V 66, 4 τοὺς καθ᾽ ἑαυτὸν ἀνθρώπους ἐξ ἀγρίου διαίτης εἰς
βίον ἥμερον μεταστῆσαι, καὶ διὰ τοῦτο ἀποδοχῆς μεγάλης τυχόντα πολλοὺς ἐπελθεῖν τόπους τῆς οἰκουμένης. εἰσηγήσασθαι δ᾽ αὐτὸν ἅπασι τήν τε δικαιοσύνην καὶ τὴν
ἁπλότητα τῆς ψυχῆς. de Iside: Aret. Isid. 4 (= p. 122 Peek = p. 20 Harder = p. 301
Bergman = p. 122 Grandjean = p. 2 Totti) ἐγὼ νόμους ἀνθρώποις ἐθέμην καὶ ἐνομο-
θέτησα ἃ οὐδεὶς δύναται μεταθεῖναι, cf. Peek 36 sq., D. Müller 26–28. de Dionyso: Me-
gasth. (FGrH 715 F 12) ap. Arrian. Ind. VII 5 sqq. vide Sartori 494–498. – (b) de regibus benefactoribus vide Schwartz¹ 254–260, Wendland 119 sq., Skard 56–65, Schubart 14 sq., Kötting 849–856, Nilsson⁴ II 183, Habicht 156–159, Murray 159–161. –
(c) testimonia de Saturno natos suos devorante ap. Pease 711 sq. – (d) de Iside et Osiride carne humana vesci vetantibus: Hecat. (FGrH 264 F 25) ap. Diod. I 14, 1 πρῶτον
μὲν γὰρ παῦσαι (scil. τὸν Ὄσιριν) τῆς ἀλληλοφαγίας τὸ τῶν ἀνθρώπων γένος, εὑρούσης
μὲν Ἴσιδος τόν τε τοῦ πυροῦ καὶ τῆς κριθῆς καρπόν; Aret. Isid. 21 ἐγὼ μετὰ τοῦ ἀδελ-
φοῦ Ὀσίριδος τὰς ἀνθρωποφαγίας ἔπαυσα; Κόρη Κόσμου 2 ap. Stob. I 49, 44 p. 406
Wachsmuth = Festugière³ 376 οὗτοι τὸ τῆς ἀλληλοφονίας ἔπαυσαν ἄγριον. vide Peek
46–50, Haussleiter 71 cum adn. 1, Harder 28–32, Festugière² 216–220, D. Müller
48 sq., Bergman 212–215

---

2 *historiaque* **B** | *ex]* et **P** | *scriptionibus* **H** ‖ 4 *triphyli* **B** *triphilii* **S** *triphili* **H** *trifylli*
**P** ‖ 6 *hennius* **H** ‖ **66** 1 *idem]* id est **R** *item dum* **H** ‖ 2 *dicatur* **H M** ‖ 3 *apelleretur* **P** ‖ 4 *re-*
*ferunt* **R** ‖ 5. 6 *humana carne* **S**

*nam carnem solitos esitare: verum primum Iovem leges hominibus moresque condentem edicto prohibuisse, ne liceret eo cibo vesci.*

**67.** LACTANTIVS Div. inst. I 11, 35

*in Olympo autem Iovem habitasse docet eadem Historia, quae dicit: ea tempestate Iuppiter in monte Olympo maximam partem vitae colebat et eo ad eum in ius veniebant, si quae res in controversia erant. item si quis quid novi invenerat quod ad vitam humanam utile esset, eo veniebant atque Iovi ostendebant.*    5

*De Iove Aega violante*

**68.** HYGINVS De astronomia II 13, 4 p. 42 sq. Le Bœuffle

*Euhemerus ait Aega quamdam fuisse Panos uxorem; eam ab Iove compressam peperisse quem viri sui Panos diceret filium; itaque puerum Aegipana, Iovem autem Aegiochum appellatum. qui, quod eam diligebat plurimum, inter astra caprae figuram memoriae causa conlocavit.*

*De Iovis morte et sepultura*

**69 A.** LACTANTIVS Div. inst. I 11, 44–48

44  *quare si Iovem et ex rebus gestis et ex moribus hominem fuisse in terraque*
45  *regnasse deprehendimus, superest ut mortem quoque eius investigemus. Ennius in Sacra Historia descriptis omnibus quae in vita sua gessit ad ultimum sic ait: deinde Iuppiter postquam quinquies terras circuivit omnibus-*

---

**67** *ea tempestate – ostendebant* Ennius F 8 Vahlen², cf. Krug¹ 59–61 ‖ **2** *in monte Olympo*] i. e. Τριφυλίῳ Ὀλύμπῳ (T 34, 50) ‖ **3-5** de hominibus, qui regibus inventa ostendebant, scribunt etiam Hecat. (FGrH 264 F 25) ap. Diod. I 15, 9–16, 2 (Hermes – Osiris) et Leon (FGrH 659 F 9 a) ap. Hygin. Astr. II 20 (Ammon – Liber). vide Reitzenstein² 123 sq. ‖ **68** Euhemeri Ἱερὰν Ἀναγραφὴν ab Hygino (cf. T 72, 74) lectam esse putabant Robert 231, Némethy¹ 18, Susemihl I 321 adn. 57, Crusius 63, Zucker 468, v. d. Meer 70, cf. Jacoby¹ 954 et Vallauri¹ 54. de Aegipane aliter scribit Epimenides in Κρητικά (VS 3 B 24 = FGrH 468 F 18) ap. Eratosth. Catast. 27 p. 148 Robert ‖ **69 A** *deinde – Saturni* Ennius F 11 Vahlen², cf. Krug¹ 61–63 ‖ **4** de significatione numeri 5 apud scriptores Romanos vide Birt 253–259 (256 'Die Fünfzahl bedeutet hier die unangemessene Vielheit')

**6** *essitare* **R**¹    *esse essitare* **S**    *vescitare* **HM** ‖ **67 2** *et* om. **S** ‖ **4** *invenerant* **B** | *eo veniebant*] *conveniebant* **R** ‖ **5** *ostendebat* **HM** ‖ **68 1** *aegam* **RZUWB** | *iove fuisse* **P** ‖ **2** *puerum*] *petrum* **A**    om. **O**    del. **D**ᴾᶜ | *Aegipana* edd.    *aegipan* codd. ‖ **3** *qui*] *cui* **EARNP** | *eum* Bunte ‖ **4** *figurae* **RO**ᵃᶜ    *figura* **NZU** ‖ **69 A 1** *et*ˡ om. **BSV**¹ ‖ **2** *deprendimus* **R** ‖ **3** *historia loquitur* **H** ‖ **4** *terram* **B** | *omnibus* **SH**

5 *que amicis atque cognatis suis imperia divisit reliquitque hominibus leges*
*mores frumentaque paravit multaque alia bona fecit, inmortali gloria me-*
*moriaque adfectus sempiterna monumenta sui reliquit. aetate pessum acta* 46
*in Creta vitam commutavit et ad deos abiit eumque Curetes filii sui cura-*
*verunt decoraveruntque eum; et sepulchrum eius est in Creta in oppido*
10 *Gnosso et dicitur Vesta hanc urbem creavisse; inque sepulchro eius est in-*
*scriptum antiquis litteris Graecis* ZAN KRONOY *id est Latine Iuppiter Sa-*
*turni. hoc certe non poetae tradunt, sed antiquarum rerum scriptores. quae* 47
*adeo vera sunt, ut ea Sibyllinis versibus confirmentur* (...) *Cicero de deo-* 48
*rum natura* (III 53) *cum tres Ioves a theologis enumerari diceret, ait ter-*
15 *tium fuisse Cretensem Saturni filium, cuius in illa insula sepulchrum osten-*
*ditur.*

**8** *ad deos abiit*] cf. Cic. (T 14) *ad deos pervenisse*, Cic. Tusc. disp. I 32 *abiit ad deos*
*Hercules*, Lact. Div. inst. I 15, 33 *Romulum ad deos abiisse* ‖ **9** testimonia de Iovis se-
pulchro in app. ad T 2 ‖ **11** *ZAN* (forma dorica), cf. T 1 A (*Zāva*). vide Cook II 350–354
et J. Schindler, Zeus, RE Suppl. XV (1978) 1001. alii tituli traduntur ap. Porph. Vita
Pyth. 17 ὧδε θανὼν κεῖται Ζάν, ὃν Δία κικλήσκουσιν, AP VII 746 = Cyrill. C. Iul.
X 342 (PG 76, 1028 B) ὧδε μέγας κεῖται Ζάν, ὃν Δία κικλήσκουσιν, Ioh. Chrys. In epist.
Pauli ad Tit. hom. 3, 1 (PG 62, 676) ἐνταῦθα Ζὰν κεῖται, ὃν Δία κικλήσκουσιν, Ioh. Ant.
F 5 (FHG IV 452) ἐνθάδε κατάκειται Πῖκος ὁ καὶ Ζεύς, ὃν καὶ Δία καλοῦσι, Suda s. v.
*Πῖκος* (IV 124 Adler) = Cedren. Hist. comp. I 31 (PG 121, 57 D) = Eud. Viol. XIA
p. 311 Flach ἐνθάδε κεῖται θανὼν Πῖκος ὁ καὶ Ζεύς, Chron. Pasch. PG 92, 164 B addit
ὃν καὶ Δία καλοῦσι, Comm. Bern. Lucan. VIII 872 *ostendunt tumulum et lapidem sub hac*
*inscriptione ZAN* (codd. *TAN*) *KRONOY*. de locutione Πῖκος ὁ καὶ Ζεύς vide e. g. Halliday, Cook II 693–697, G. Rohde, Picus, RE XX (1941) 1217, Nilsson³ 554 sq. adn. 74.
vide etiam Schol. Call. Hymn. I 8 (II 42 Pf.) ἐν Κρήτῃ ἐπὶ τῷ τάφῳ τοῦ Μίνωος ἐπεγέγραπτο ‘Μίνωος τοῦ Διὸς τάφος’· τῷ χρόνῳ δὲ τὸ ‘Μίνωος τοῦ’ ἀπηλείφθη ὥστε περιλει-
φθῆναι ‘Διὸς τάφος’. ἐκ τούτου οὖν λέγουσι Κρῆτες τὸν τάφον τοῦ Διός ‖ **14** *tres Ioves a*
*theologis enumerari*] cf. app. ad T 28. indices deorum cognominum ap. Cic. De nat.
deor. III 42 et 53–60, Cl. Al. Protr. II 28, 1–29, 1, Arnob. Adv. nat. IV 14 sq., Firm.
Mat. De errore XV 5–XVI 2, Ampel. Lib. mem. IX 1–12, Serv. Verg. Aen. I 297 et
IV 577, Lyd. De mens. IV 51. 64. 67. 71. 86. 142, Schol. Stat. Theb. IV 482. vide Hir-
zel³, Michaelis, Bobeth, Rapisarda 56–61, Solmsen, Girard ‖ **15** testimonia de Iove Cretico ap. Pease 1096

**5** *atque*] *et* **B** | *dividit* **R¹ S H** | *reliquit* **H** ‖ **6** *et mores* L. Müller | *et inmortali* L. Müller ‖
**6. 7** *gloriosaque memoria* **R** ‖ **7** *monimenta* **P** L. Müller, Némethy | *sui* L. Müller, Némethy,
Brandt, Jacoby, Garbarino  *suis* codd. Vahlen, Bolisani, Warmington | *pessum*] *fessum*
**R¹**  *fessam* **R²** | *actam* **R** ‖ **9** ⟨*ut d*⟩*eum* Hartel | *sepulcrum* **B** ‖ **10** *gnosso* **R**  *cnosso* **P**
**V B²**  *nosso* **S**  *gnoso* **H** | *inque*] *in quo* **R**  *in qua* **H** | *sepulchrum* **H** ‖ **11** ΖΕΥΣΚΙΟΝΟΥ
**R** ‖ **13** *ea*] *a* **S** | *continentur* **R**  *confirmantur* **S** ‖ **13. 14** *natura deorum* edd. ‖ **15** *insula illa* **B**

**69 B.** Lactantivs Epit. div. inst. 13, 4−5

*idem igitur Euhemerus Iovem tradit, cum quinquies orbem circumisset et amicis suis atque cognatis distribuisset imperia legesque hominibus multaque alia bona fecisset, immortali gloria memoriaque adfectum sempiterna in Creta vitam commutasse atque ad deos abisse; et sepulcrum eius esse in Creta in oppido Gnosso, et in eo scriptum antiquis litteris Graecis* ΖΑΝ ΚΡΟ- 5
5 ΝΟΥ, *quod est Iuppiter Saturni. constat ergo ex iis quae rettuli, hominem fuisse in terramque regnasse.*

(g) De Neptuno

**70.** Lactantivs Div. inst. I 11, 32 et 34

*de Neptuni sorte manifestum est: cuius regnum tale fuisse dicimus, quale Marci Antonii fuit infinitum illud imperium, cui totius orae maritimae potestatem senatus decreverat, ut praedones persequeretur ac mare omne pa-*
33 *caret. sic Neptuno maritima omnia cum insulis obvenerunt. quomodo id*
34 *probari potest? nimirum veteres historiae docent.* (sequitur T 65) *cuius* 5
*haec verba sunt: ibi Iuppiter Neptuno imperium dat maris ut insulis omnibus et quae secundum mare loca essent omnibus regnaret.*

(h) De Marte

**71.** Ampelivs Liber memorialis 9, 2

*Martes fuere duo: primus ex* † *enoposte, ut Euhemerus ait, et noster Mars seu Marspiter et aliter Mars Enyus; secundus ex Iove et Iunone.*

---

**70** 2 *M. Antonii* i. e. M. Ant. Cretici, patris triumviri ‖ 6−7 *ibi − regnaret* Ennius F 7 Vahlen[2], cf. Krug[1] 54−58 ‖ **71** vide Della Casa 137−139

**69 B** 2 *hominibus* ⟨*reliquisset* vel *dedisset*⟩ Heumann coll. Div. inst. I 11,45 ‖ 7 *terraque* Davisius ‖ **70** 1 *est*] *fuit* **P** ‖ 2 *Marci* om. **P** | *antonini* **R** | 3 *placaret* **H** | 4 *omnia maritima* **S H** | 5 *cui* **S** ‖ 6 *verba haec* **S H M** | *ibi* **B**[1]**S M** L. Müller, Bolisani, Krug[1] 55 sq. *ubi* **B**[2] Némethy, Brandt, Vahlen, Jacoby, Warmington, Monat | *ut* edd. Krug[1] 56 sq. *hoc est ut* **S H** *et* cett. Hartel *et ut* coni. Brandt *ut et* Thilo | *in insulis* g ‖ 6. 7 *omnibus et*] *et locis* **S H M** ‖ 7 *secundum*] *secus* codd. aliquot, Némethy | *loca* om. **H M** | *regnare* Hartel *regnarent* **S V** ‖ **71** 1 *exenoposte* **M** *ex En*⟨*y*⟩*o po*⟨*lemi*⟩*ste*⟨*s*⟩ Della Casa, Colonna *ex Enarsphoro* Ziegler coll. Hes. Scut. 192 | *Euhemerus* Woelfflin ap. Eussner, Philol. 37, 1877, 152 et Zink, edd. *eum homerus* **M** Colonna *enim Homerus* Della Casa | *noster* edd. *nrt* **M** ‖ 2 *Marspiter* Tzschucke, Assmann *leucarpis* **M** *Leucaspis* Duker coll. Liv. XLIV 41, 2, Della Casa, Colonna | *aliter* Salmasius, Assmann, Colonna *alter* **M** Della Casa | *marsenius* **M**, corr. Graf

## (i) De Minerva

**72.** HYGINVS De astronomia II 12, 2 p. 39 Le Bœuffle

*Euhemerus quidem Gorgona a Minerva dicit interfectam.*

**73.** FESTVS De verborum significatu p. 408 Lindsay

*'sus Minervam' in proverbio est ubi quis id docet alterum cuius ipse inscius est. quam rem in medio, quod aiunt, positam Varro et Euhemerus ineptis mythis involvere maluerunt, quam simpliciter referre.*

## (k) De Venere

**74.** HYGINVS De astron. II 42, 5 p. 85 sq. Le Bœuffle

*quinta stella est Mercurii, nomine Stilbon. sed haec est brevis et clara. haec autem Mercurio data existimatur, quod primus menses instituerit et perviderit siderum cursus. Euhemerus autem Venerem primam ait sidera constituisse et Mercurio demonstrasse.*

**75 A.** LACTANTIVS Div. inst. I 17, 9–10

*quid loquar obscenitatem Veneris omnium libidinibus prostitutae non deorum tantum, sed et hominum? (…) quae prima, ut in Historia Sacra continetur, artem meretriciam instituit auctorque mulieribus in Cypro fuit, uti vulgato corpore quaestum facerent: quod idcirco imperavit, ne sola praeter*
5 *alias mulieres inpudica et virorum adpetens videretur.*

**75 B.** LACTANTIVS Epit. div. inst. 9, 1

*Venus deorum et hominum libidinibus exposita cum regnaret in Cypro, artem meretriciam repperit ac mulieribus imperavit, ut quaestum facerent, ne sola esset infamis.*

---

**72** vide app. ad T 68. Athena Γοργοφόνα ap. Eur. Ion 1478, Hymn. Orph. XXXII 8 p. 26 Quandt, cf. K. Ziegler, Gorgo, RE VII (1912) 1641 sq. ‖ **73** *Varro et Euhemerus* i. e. Varro Euhemerum secutus (Sieroka 26 adn. 2) ‖ **74** vide app. ad T 68. aliter Diod. (T 49) Οὐρανὸν (…) τῆς τῶν ἄστρων κινήσεως ἐπιστήμονα. – (a) quam fabulam cognominis Uraniae (cf. Pl. Symp. 180 D–E, Xen. Symp. VIII 9) explicandi gratia ab Euhemero effictam esse recte putant Némethy[1] 12. 34, v. d. Meer 71, Vallauri[1] 54. de Venere Urania in Alexarchi utopia occurrente vide Tarn[1] 24 sq., Ferguson 109 sq. – (b) de ratione inter Alexarchum et Euhemerum intercedente vide Tarn[1], Weinreich[2] 14 sq., Ferguson 110. – (c) de Stilbone, Mercurii stella, vide Pease 671 sq. 674 sq. ‖ **75 A** *prima – videretur* Ennius F 12 Vahlen[2], cf. T 87–92

**72** *quidam* **D R O** ‖ **74** 2 *prius* **P** ‖ 4 *monstrasse* **U**ᵃᶜ**L** ‖ **75 A** 2 *in* om. **S H M** ‖ 4 *vulgato* Crenius, Brandt *vulgo* codd. Monat ‖ **75 B** 1 *regnaret* Pfaff *regnat* **T** *dum regnat* coni. Brandt, prob. Perrin ‖ 2 *quaestum* ⟨*corpore*⟩ coni. Brandt

45

EVHEMERVS

(l) De Atlante

**76.** Diogenianvs Proverbia II 67 (Corp. Paroem. Gr. I 207)

Ἄτλας τὸν οὐρανόν: ἐπὶ τῶν μεγάλοις τισὶ πράγμασιν ἐπιβαλλομένων καὶ κακῷ τινι περιπιπτόντων. (add. cod. Bodl.:) Εὐήμερος ἐν Ἱερῷ Λόγῳ προσέθηκε τὸ 'ὑπεδέξω'. λέγεται δὲ ἐπὶ τῶν τινὶ κακῷ περιπεσόντων, ἐπιβαλλομένων μεγάλῳ πράγματι.

(m) De Cadmo

**77.** Athenaevs Dipnosophistae XIV 658 E–F (III 457 Kaibel)

'ἀγνοεῖν μοι δοκεῖτε, ὦ ἄνδρες δαιταλῆς, ὅτι καὶ Κάδμος ὁ τοῦ Διονύσου πάππος μάγειρος ἦν.' σιωπησάντων δὲ καὶ ἐπὶ τούτῳ πάντων 'Εὐήμερος', ἔφη, 'ὁ Κῷος ἐν τῷ τρίτῳ τῆς Ἱερᾶς Ἀναγραφῆς τουθ' ἱστορεῖ, ὡς Σιδωνίων λεγόντων τοῦτο, ὅτι Κάδμος μάγειρος ὢν τοῦ βασιλέως καὶ παραλαβὼν τὴν Ἁρμονίαν αὐλητρίδα καὶ αὐτὴν οὖσαν 5 τοῦ βασιλέως ἔφυγεν σὺν αὐτῇ.'

(n) De Broto

**78.** Etymologicvm magnvm s. v. Βροτός p. 215 Gaisford

Βροτός] ὡς μὲν Εὐήμερος ὁ Μεσσήνιος, ἀπὸ Βρότου τινὸς αὐτόχθονος· ὡς δὲ Ἡσίοδος (F 400 Merkelbach-West), ἀπὸ Βροτοῦ τοῦ Αἰθέρος καὶ Ἡμέρας· ἄλλοι δέ, ἀπὸ βρότου τοῦ αἵματος.

(o) De Iudaeis

**79 A.** Iosephvs Contra Apionem I 215–217 (V 38 Niese) = Evsebivs Praep. evang. IX 42, 2–3

---

76 de Ἱερῷ λόγῳ vide Peek 32 sq., Kleinknecht 84 sq., Henrichs[1] 61 adn. 27, Colpe 196 sq., de Orphicorum Ἱεροῖς λόγοις: Kern[2] 140–248. 299 sq., cf. Rohde[2] II 415 sq., Wilamowitz[2] II 201 sq., Ziegler[1] 1350–1355. 1408 sq., Platthy 157–159 ‖ 77 cf. Hirzel[2] 394 cum adn. 1 et 2, Jacoby[1] 966, Zieliński 57 adn. 1 (Κάδμος = κόσμος), v. d. Meer 35 sq., Börner[1] 464 cum adn. 4. – (a) W. Baudissin, Sanchuniation, Realencykl. f. protest. Theol. XVII (1906[3]) 463 Euh. 'soll sein System von den Sidoniern entnommen haben'. similiter Clemen 75 sq., sed eorum sententia a vero aberrare videtur. de euhemerismo in Philonis opere q. i. Φοινικὴ ἱστορία (FGrH 790) occurrente vide Clemen 58–77, Eißfeldt[3] 75–95, Eißfeldt[4] 34–50, Mras 179 sq., Barr 60, Troiani 42–51, Ebach 393–408, Baumgarten 242 sq. 262 sq. cf. etiam Attridge-Oden, quorum librum non vidi ‖ 78 Euhemerum putasse homines terra genitos esse suspicabantur Sieroka 13 et Némethy[1] 31 sq., sed eorum opinionem reiecit Block 42 adn. 1 ‖ 79 A = T 16 Stern (I 54) et FGrH 737 F 1, cf. Stern 53 sq., Troiani[2] 122 sq. Theophilus FGrH 733 T 1,

77 4 σιδονίων A, corr. Musurus ‖ 78 1 μεσήνιος codd. ‖ 2 ὡς Jacoby ὁ codd.

46

ἀρκοῦσι δὲ ὅμως εἰς τὴν ἀπόδειξιν τῆς ἀρχαιότητος αἵ τε Αἰγυπτίων
καὶ Χαλδαίων καὶ Φοινίκων ἀναγραφαὶ πρὸς ἐκείναις τε τοσοῦτοι τῶν
Ἑλλήνων συγγραφεῖς· ἔτι δὲ πρὸς τοῖς εἰρημένοις Θεόφιλος καὶ Θεό-
δοτος καὶ Μνασέας καὶ Ἀριστοφάνης καὶ Ἑρμογένης Εὐήμερός τε καὶ
5 Κόνων καὶ Ζωπυρίων καὶ πολλοί τινες ἄλλοι τάχα, οὐ γὰρ ἔγωγε πᾶσιν ἐντετύχηκα τοῖς βιβλίοις, οὐ παρέργως ἡμῶν ἐμνημονεύκασιν. οἱ
πολλοὶ δὲ τῶν εἰρημένων ἀνδρῶν τῆς μὲν ἀληθείας τῶν ἐξ ἀρχῆς
πραγμάτων διήμαρτον, ὅτι μὴ ταῖς ἱεραῖς ἡμῶν βίβλοις ἐνέτυχον,
κοινῶς μέντοι περὶ τῆς ἀρχαιότητος ἅπαντες μεμαρτυρήκασιν, ὑπὲρ ἧς
10 τὰ νῦν λέγειν προεθέμην.

**79 B.** Iosephvs Contra Apionem I 215–217 (versio Latina)
*sufficiunt tamen ad comprobationem antiquitatis nostrae Aegyptiorum et
Chaldaeorum ac Phoenicum historiae et super illas Graecorum pariter
conscriptores. adhuc enim super ea quae dicta sunt Theophilus et Theodotus et Mnaseas et Aristophanes et Hermogenes et Euemerus et Conon et
5 Zopyrion et multi quidem alii simul, non enim ego omnibus libris incubui,
non transitorie nostri fecere mentionem. plurimi namque praedictorum virorum veritate quidem antiquarum causarum frustrati sunt, quia lectioni
sacrae nostrorum non incubuere librorum; communiter tamen cuncti de an-
tiquitate testati sunt, pro qua nunc referre proposui.*

### (p) De pyramidibus

**80.** Plinivs Naturalis historia XXXVI 79
*qui de iis* (scil. de pyramidibus) *scripserint – sunt Herodotus, Euhemerus, Duris Samius, Aristagoras, Dionysius, Artemidorus, Alexander polyhi-*

Theodotus FGrH 732 T 1, Mnaseas F 34 (FHG III 155), Conon FGrH 26 F 4. – Euhemerum de Iove Sabazio (cf. Val. Max. I 3, 3) scripsisse putabat Willrich 52, cf. Block
15, sed hanc opinionem reiecit Stern 53 adn. 3. de Iove Sabazio vide e. g. Cook I
390–403, Schwabl¹ 356 sq. ‖ **80** vide Plin. Nat. hist. I 36 *Euhemero* (index fontium).
Herod. II 124 sqq., Duris FGrH 76 F 43, Aristagoras FGrH 608 F 6, Dionysius
FGrH 653 F 1, Alexander Pol. FGrH 273 F 108, Butoridas FGrH 654 F 1, Antisthenes
FGrH 655 F 1, Demetrius FGrH 643 F 2, Demoteles FGrH 656 F 1, Apion FGrH 616

**79A** 1 δ' Eusebius | Αἰγυπτίων] Σύρων Euseb. ‖ 3 δὲ] δὲ καὶ L ‖ 5 Κόμων Euseb. ‖
6 μεμνημονεύκασιν Euseb. ‖ 9 ἧς] οὖ Euseb. ‖ **79B** 3 conscriptiones LBe | Theodotus]
theodorus Le theodonis B ‖ 4 Mnaseas scripsi manaseas LBC maneseas R
manasceas P | germogenes codd. | Euemerus] omerus CP | Conon scripsi cinum LB
cinon B¹ cinum e cinō RCP ‖ 5 zopiron P | omnium BRP ‖ 6 facere BPe ‖ 7 veritatem
codd., e ‖ **80** 1 his VdR | scripserunt VdR | euchemerus V euthemerus dR themerus a

*stor, Butoridas, Antisthenes, Demetrius, Demoteles, Apion – inter omnes eos non constat a quibus factae sint, iustissimo casu obliteratis tantae vanitatis auctoribus.* 5

(r) De auri metallis et flatura

**81.** PLINIVS Nat. hist. VII 197
*argentum invenit Erichthonius Atheniensis, ut alii, Aeacus; auri metalla et flaturam Cadmus Phoenix ad Pangaeum montem, ut alii, Thasus aut Aeacus in Panchaia aut Sol Oceani filius, cui Gellius medicinae quoque inventionem ex metallis assignat.*

**82 A.** HYGINVS Fabulae 274, 4
*Aeacus Iovis filius in Panchaia in monte Taso aurum primus invenit. Indus rex in Scythia argentum primus invenit, quod Erichthonius Athenas primum attulit.*

**82 B.** CASSIODORVS Variae IV 34, 3
*primi enim dicuntur aurum Aeacus, argentum Indus rex Scythiae repperisse et humano usui summa laude tradidisse.*

F 17. – (a) qua de causa pyramides ab Euhemero de FGrH 656 F 1, Apion FGrH 616 F 17. – (a) qua de causa pyramides ab Euhemero descriptae sint, recte explicat Krahner 30 adn. allatis verbis Cl. Al. Protr. IV 49, 3 καθάπερ δέ, οἶμαι, οἱ ναοί, οὕτω δὴ καὶ οἱ τάφοι θαυμάζονται, πυράμιδες καὶ μαυσώλεια καὶ λαβύρινθοι, ἄλλοι ναοὶ τῶν νεκρῶν, ὡς ἐκεῖνοι τάφοι τῶν θεῶν. Euhemerum de Aegypto fusius egisse, cum de rebus gestis Ammonis (T 34) et Isidis (T 9) narraret, suspicabatur Némethy[1] 35. – (b) Euhemeri librum a Plinio lectum esse credebant Némethy[1] 18, Susemihl I 321 adn.57, Zucker 468. aliter v. d. Meer 72 ‖ **81** cf. Diod. (T 35) ἔχει δ’ ἡ χώρα μέταλλα δαψιλῆ χρυσοῦ τε καὶ ἀργύρου et Pl. Crit. 114 E. – (a) Némethy[1] 12 ‘si non ipsum Euhemerum, certe versionem Ennii legit’, v. Gils 68 sq. ‘nititur tota adnotatio Pliniana vocum *Πάγγαιον* et *Παγχαία* ... confusione’, Jacoby[1] 954 ‘aus einem griechischen Heurematographen’, Jacoby[3] I A, 313 (F 27: Unsicheres und Zweifelhaftes), Thraede[1] 1220, Cole 154 adn. 18. de Plinii heurematum catalogo (VII 191–209) vide Kremmer 96–106. – (b) mons Pangaeus in Macedonia est situs. de metallis: Strabo VII fr. 34 καὶ αὐτὸ τὸ Παγγαῖον ὄρος χρύσεια καὶ ἀργύρεια ἔχει μέταλλα, Strabo XIV 5, 28; Cl. Al. Strom. I 16, 75, 8, cf. Oberhummer 591 sq. ‖ **82 A** cf. Kremmer 67–70

4 *eos* om. **B** ‖ **81** 1 *Erichthonius* edd. *aericthonius* **DEF²R²e** *erictonius* **ado** | *eacus* **a** *Ceacus* vett. ‖ 2 *conflaturam* **E²d** vett. | *Thasus* vel *Thasos* Kremmer 68 coll. Herod. VI 47 *Thaso* Wilamowitz *Thoas* codd. edd., Ferguson 106 ‘Thoas, king of the Tauric Chersonesus, seems to have visited Panchaia’ | *Aeacus* Urlichs *aeaclis* **DF** *eaclis* cett. vett. ‖ 3 *pancaia aut* **R²** *pancha* (-*ca* **R¹**) *iacuit* cett. ‖ **82A** 1 *Aeacus* Muncker *sacus* **F** | ⟨*Cadmus autem Pangaeo*⟩ *in monte* ⟨*aut*⟩ *Thasos* Kremmer 67 | *Indus*] *Lyncus* Micyllus, Knaack ‖ 2 *primum* Knaack ‖ **82B** 1 *eacus* plerique *eucus* **K** *tacus* **E** *cathus* **F** | *Indus*] *Lyncus* Knaack *indux* **X**

## (s) De agricultura

**83.** Varro De re rustica I 48, 2

*arista et granum omnibus fere notum, gluma paucis. itaque id apud Ennium solum scriptum scio esse in Euhemeri libris versis. videtur vocabulum etymum habere a glubendo, quod eo folliculo deglubitur granum.*

## V. Dubia

### (a) De phoenice nidum prope Panchaiam deferente

**84.** Plinivs Nat. hist. X 3-4

*Aethiopes atque Indi discolores maxime et inenarrabiles ferunt aves et ante omnes nobilem Arabiae phoenicem (…) primus atque diligentissime togatorum de eo prodidit Manilius, senator ille maximis nobilis doctrinis doctore nullo: neminem extitisse qui viderit vescentem, sacrum in Arabia Soli*
5 *esse, vivere annis DXL, senescentem casiae turisque surculis construere ni-*

---

**83** *gluma* Ennius F 13 Vahlen[2]. cf. Festus, De verb. signif. p. 87 Lindsay: *gluma*] *hordei tunicula, dictum, quod glubatur id granum*; Nonius, De comp. doctr. I 169 Lindsay: *glumam*] *Varro folliculum grani frumentarii dici putat, De re rustica l. I.* – (a) Varronem versione Enniana usum esse putant Némethy[1] 17 et Jacoby[1] 956, cf. v.d. Meer 95. – (b) fragmenta versionis Ennianae Lactantio tradita esse a Varrone credebant Mewaldt 42, Geffcken[3] 573, Vallauri[1] 8, Fraser II 451 adn.819, cf. Leo 203 adn.1, Kappelmacher 93. vide app. ad T 10 ‖ **84–85** de phoenice apud scriptores antiquos obvio (e. g. Herod. II 73, Ovid. Met. XV 392 sqq., Mela Chorogr. III 8, 83 sq., Cl. Rom. Ad Cor. 1, 25, Achil. Tat. III 25, Tac. Ann. VI 28, Physiol. 7 p. 25–27 Sbordone, Lact. De ave Phoen. 121 sqq., Claud. Phoen. 89 sqq.) vide Hubaux-Leroy, Rusch, Walla, v.d. Broek, Bömer[3] 355–358 ‖ **84** Euhemero abrogant Urlichs 145 sq. et Némethy[2] 10–12, sed vindicant Susemihl I 321 adn.57, Jacoby[1] 954 ('aber *prope Panchaiam in Solis urbem* ist nicht anzutasten; vgl. Diod. V 44, 3 Ἡλίου ὕδωρ'), cf. 956, Jacoby[3] I A, 313 (F 29: Unsicheres und Zweifelhaftes), Bidez 44 adn.3, v.d. Meer 100, Vallauri[1] 43. 60, Cole 157 adn.30, Ferguson 106. vide etiam Ziegler[2] 495. aliter Kuiper[2] 277 'pseudo-Hecataeus Panchaeam illam qua inclaruerat historia sacra Euhemeri transferendam curavit in Arabiae continentem ut cum amoeno loco Elim unam eandemque esse finxit. inde sua sumpserunt auctores Plinii, inde quoque Ezechiel' (Exod. 248–253 ap. Eus. Praep. ev. IX 29, 16 = TrGF 128 p. 300 sq.). quam interpretationem secuti sunt v. Gils 107 sq., v.d. Meer 97 sq. vide etiam Jacobson 220 adn.44 ‖ **4** *sacrum in Arabia Soli esse*] vide e.g. Sbordone, Walla 53–62, v. d. Broek 233–304

---

**83** 2 *scito* L.Müller | *in Euhemeri libris versis* **b** Politianus    *in uehemeris libris versis* **A** (-*s* s. l.)    *in humeris libris versis* **m**    *in ephemeridis versibus* **v**    *in Euhemeris versibus* Krahner 41 adn. 0 ‖ **84** 1 *Aethiopiae atque Indis* – ⟨*esse*⟩*ferunt* coni. Mayhoff, prob. Rackham ‖ 2 *Arabia* Gronovius ‖ 3 *mamillius* **FRdea**    *mamilius* OxV ‖ 5 *DLX* OxV    *DIX* Harduin    *D diebus XL* Urlichs

*dum, replere odoribus et superemori. ex ossibus deinde et medullis eius nasci primo ceu vermiculum, inde fieri pullum, principioque iusta funera priori reddere et totum deferre nidum prope Panchaiam in Solis urbem et in ara ibi deponere.*

**85.** SOLINVS Collectanea rerum memorabilium 33, 11–12 = DICVIL De mensura orbis terrae 7, 47

*apud eosdem* (scil. Arabes) *nascitur phoenix avis* (...) *probatum est quadraginta et quingentis eum durare annis. rogos suos struit cinnamis, quos prope Panchaeam concinnat in Solis urbem, strue altaribus superposita.*

(b) De Panchais qui serpentibus vescuntur

**86.** POMPONIVS MELA De chorographia III 8, 81

*extra sinum, verum in flexu tamen etiamnum Rubri maris, pars bestiis infesta ideoque deserta est, partem Panchai habitant, hi quos ex facto quia serpentibus vescuntur Ophiophagos vocant.*

(c) De Venere

**87.** CLEMENS ALEX. Protr. II 13, 4 (I 12 Stählin) = EVSEBIVS Praep. ev. II 3, 12

---

**86** cf. Plin. Nat. hist. VI 169: *introrsus Candaei (Panchaei* I. Vossius), *quos Ophiophagos vocant, serpentibus vesci adsueti.* – Euhemero abrogant Breysig 424 et Némethy[2] 12, cf. Jacoby[1] 955 'scheint korrupt', Ziegler[2] 495 'man möchte da an eine Verwechslung glauben oder an eine Quelle, die das Märchen des Euemeros verhöhnte'. vide etiam Tzschucke II 3, 296–298, III 3, 359–361 ‖ **87–92** cf. T 75 A–B. (a) Euhemero vindicant Némethy[1] 13 sq. 62 sq., v. Gils 7. 46, cf. Zucker 467 cum adn. 4, sed Jacoby et Vallauri non collocaverunt haec testimonia in editionibus suis. – (b) Cl. Al., Firm. Mat. et Theodoretum a Leone Pellaeo pendere suspicatur v. d. Meer 94 sq., quod a vero aberrare videtur. – (c) de mysteriis Cypri celebratis vide Nilsson[1] 364–369 ‖ **87–88** cf. Cl. Al. Protr. II 33, 9 Ἀφροδίτη δὲ ἐπ' Ἄρει κατῃσχυμμένη μετῆλθεν ἐπὶ Κινύραν (...). Euhemero tribuunt v. Gils 80 et Jacoby[1] 954 (cum signo interrogationis). Clementem

---

**6** *et*[2]] *e* **F**[1]**a** *ac* **x1OxV** om. **d** ‖ **8** *pancaiam* **E**[2]**x** *pacaiam* **F**[1] pacatam **R**[2] *pacatum* **a** *spectatam* **d** *prope Panchaiam* del. Urlichs ‖ **85** 1 *eosdem*] *eos quae* **M** | *avis phoenix* **SAP** ‖ **2** *eam* **R** | *suos*] *sibi* Dicuil | *struit*] *sternit* 142 *extruit* **C** *construxit* 28 | *quas* multi ‖ **3** *panchaeam* 24 *panchaiam* 28, 98, 150[2], 158 *pachaiam* 157 *pancheam* vel *prantheam* vel *pranctheam* multi *practheam* Dicuil | *concinnunt* Dicuil *incendit* 28, 70 | *in*] *versus ad* 28, 70 | *orbem* plerique, Dicuil *orbe* multi | *struere* multi, Dicuil om. multi | *superpositis* Dicuil ‖ **86** 1 *etiamnum* Pintianus *etiam non* **A** *etiam non* ⟨*modico*⟩ Parthey ‖ **2** *panchaei* **D**, I. Vossius, Tzschucke *pancai* **L** *panachai* Par. 2 *panichaei* Par. 1 *Candaei* vel *Candei* nonnulli | *hi* del. Vossius, Tzschucke

οὐ γάρ με ὁ Κύπριος ὁ νησιώτης Κινύρας παραπείσαι ποτ' ἄν, τὰ περὶ τὴν Ἀφροδίτην μαχλῶντα ὄργια ἐκ νυκτὸς ἡμέρᾳ παραδοῦναι τολμήσας, φιλοτιμούμενος θειάσαι πόρνην πολίτιδα.

**88.** CLEMENS ALEX. Protr. II 14, 2 = EVSEBIVS Praep. ev. II 3, 15
ἡ μὲν οὖν 'ἀφρογενής' τε καὶ 'κυπρογενής', ἡ Κινύρᾳ φίλη – τὴν Ἀφροδίτην λέγω, τὴν 'φιλομηδέα, ὅτι μηδέων ἐξεφαάνθη' (Hes. Theog. 200), μηδέων ἐκείνων τῶν ἀποκεκομμένων Οὐρανοῦ, τῶν λάγνων, τῶν μετὰ τὴν τομὴν τὸ κῦμα βεβιασμένων, ὡς ἀσελγῶν ὑμῖν
5 μορίων ἄξιος {Ἀφροδίτη} γίνεται καρπός –, ἐν ταῖς τελεταῖς ταύτης τῆς πελαγίας ἡδονῆς τεκμήριον τῆς γονῆς ἁλῶν χόνδρος καὶ φαλλὸς τοῖς μυουμένοις τὴν τέχνην τὴν μοιχικὴν ἐπιδίδοται· νόμισμα δὲ εἰσφέρουσιν αὐτῇ οἱ μυούμενοι ὡς ἑταίρᾳ ἐρασταί.

**89.** ARNOBIVS Adv. nat. IV 24
*numquid rege a Cyprio, cuius nomen Cinyras est, dilectam meretriculam Venerem divorum in numero consecratam?*

**90.** ARNOBIVS Adv. nat. V 19
*nec non et Cypriae Veneris abstrusa illa initia praeteribimus, quorum conditor indicatur Cinyras rex fuisse, in quibus sumentes ea certas stipes inferunt ut meretrici et referunt phallos propitii numinis signa donatos.*

**91.** FIRMICVS MATERNVS De errore profanarum religionum X 1
*audio Cinyram Cyprium templum amicae meretrici donasse – ei erat Venus*

---

non Euhemeri libro, sed opere quodam de mysteriis usum esse putabant Zucker 468 et Schippers 48 ‖ **89–90** cf. Prud. Perist. X 230 et Mart. Brac. De corr. rust. 7 (*Venus quae fuit mulier meretrix*). – (a) Arnobium ab Euhemero pendere putabant Jacoby[1] 954 et Zucker 467, cf. Thraede[2] 885 'Nachklang'. – (b) Arnobium e Clemente hausisse existimant Némethy[1] 13 sq. 18, v.d. Meer 92 sq., Pastorino 121, cf. app. ad T 21. vide etiam Röhricht 25 ‖ **91** cf. Diod. XVII 106, 4 sq. (Harpalus construxit templum Veneris Pythionices i. e. amicae suae defunctae), vide v. Gils 46 sq. – (a) Euhemero tribuunt Münter 1005, Moore 31, Zucker 467, cf. Thraede[2] 885 'Nachklang' et Ziegler[3] 951 sq. 'die Möglichkeit, daß er … den Euhemerus des Ennius gelesen hat, ist dagegen ernsthaft zu erwägen'. Euhemero autem abrogant Kroll[1] 1480, Jacoby[1] 955, Wendland 122

**87** 1 ὁ Κύπριος del. Cobet ‖ 3 πολίτιδα] τριοδίτιδα Nauck ‖ **88** 1 κινύρα P, corr. Heyse ‖ 4 βιασαμένων Pierson | ὡς del. Markland ‖ 5 del. Schwartz | καρπός; Mayor ‖ **89** 1 *numquid*] *quis* Gelenius | cyniras P, corr. Ursinus | *dilectam* Némethy, v. d. Meer 90 *dictatum* P *ditatam* Gelenius *delicatam* v. Gils 47 adn. 2 *dictavimus* Marchesi *dictum* Baehrens *dicatum* Brakman *a nobis est dictum* coni. Reifferscheid ‖ **90** 1 *praeteribimus* Reifferscheid *praeterimus* P Marchesi *praetereamus* Gelenius | 2 cyniras P, corr. Ursinus | *sumentes ea*] *mystae deae* coni. Reifferscheid *amentes deae* Kistner | *ea*] *aera* I. a Wouweren

*nomen –, initiasse etiam Cypriae Veneri plurimos et vanis consecrationibus deputasse, statuisse etiam ut quicumque initiari vellet secreto Veneris sibi tradito assem unum mercedis nomine deae daret. quod secretum quale sit omnes taciti intellegere debemus, quia hoc ipsum propter turpitudinem ma-* 5 *nifestius explicare non possumus. bene amator Cinyras meretriciis legibus servit: consecratae Veneri a sacerdotibus suis stipem dari iussit ut scorto.*

**92.** THEODORETVS Graec. affect. cur. III 30

τὴν δέ γε Ἀφροδίτην, οὐδὲ εὐεργεσίας τινὸς ἄρξασαν, ἀλλὰ καὶ ἀκολασίας γεγενημένην διδάσκαλον – χαμαιτύπην γὰρ αὐτὴν καὶ ἑταίραν γεγενῆσθαί φασι καὶ ἐρωμένην Κινύρου –, θεὰν ὠνομάκασιν.

### (d) De Cerere et Proserpina

**93.** FIRMICVS MATERNVS De errore prof. rel. VII 1–6

*sequitur hanc sacri contagionem et imitatur ordinem funeris a Cerere Hennensi muliere mors filiae consecrata. nam quicquid in Creta pater circa filium fecerat, hoc totum Ceres aput Hennam amissa filia impatientia materni doloris instituit. quod quatenus factum sit brevi sermone perstringam. unicam Cereris filiam quam Graeci Persefonam, nostri immutato sermone* 5 *Proserpinam dicunt, ad coniugale consortium plures petebant. mater sollicita de singulorum meritis iudicabat, et cum adhuc omnibus matris sententia videretur incerta, dives rusticus, cui propter divitias Pluton fuit nomen, temerario cupiditatis ardore, cum moras dilationis ferre non posset et cum praeposteri amoris coqueretur incendiis, prope Percum inventam virginem* 10 *rapit. Percus est autem lacus in Hennae civitatis finibus satis amoenus et*

adn. 1, Schippers 88 sq. – (b) Firmicum a Clemente pendere putant Némethy[1] 14. 18 et Pastorino 120 sq., aliter Moore 31, Turcan 51. 251 ‖ **92** Euhemero vindicat Jacoby[1] 954 (cum signo interrogationis), cf. Thraede[2] 885 'Nachklang'. Theodoretum ex Eusebio (T 87) hausisse luce clarius est. falso v. d. Meer 93 ‖ **93** (a) Euhemero adscribunt Münter 999–1001, Foerster 15. 98, Némethy[1] 27 sq. 65–67 (F XLVI), Moore 31, Kerényi 101 adn. 28, cf. Zucker 470. 472, Heuten 21 sq., Ziegler[3] 951 sq., Euhemero autem abrogant Kroll[1] 1480, v. Gils 117 sq., Jacoby[1] 955, Wendland 122 adn. 1, v. d. Meer 93, Schippers 88 sq., Hocheisel 338. – (b) descriptionem regionis prope lacum Percum positae sapere Ovid. Met. V 385–394 suspicatur v. Gils 117, Zucker 471 autem existimat Firm. Mat. ante oculos habuisse Ovid. Fast. IV 437–442; cf. Pastorino 99

**91** 7 *serviit* Bursian, Halm ‖ **92** 1 γε om. **MC** ‖ 2 καὶ del. v. Gils 47 adn. 2 ‖ **93** 4 *quod* Flacius *quo* **P** ‖ 11 *rapuit* Skutsch

*gratus, cuius amoenitas ex florum varietatibus nascitur. nam per omnem
annum vicissim sibi succedentibus floribus coronatur. illic invenies quic-* 2
*quid hyacinthi turget in caulem, illic comam narcissi vel quod auream ro-*
15 *sam desuper pingit, illic albae hederae per terram molliter serpunt, et cum
purpureis violis suaviter rubens amaracus invenitur, nec coronam istam
alba deserunt lilia. prorsus aptus locus, qui gratia sua puellares animos et
invitaret pariter et teneret. in hoc loco cum a Plutone virgo prope vesperam
fuisset inventa, vi rapitur, et superimposita vehiculo scissis vestibus lacera-*
20 *tis crinibus ducitur. nec resecati ungues contra amatorem rusticum aliquid
profuerunt, nec clamor atque ululatus adiuvit, nec ceterarum strepitus puel-
larum. tunc una celeri cursu, cum de civitate nemo succurreret, facta ex* 3
*ipso timore velocior, matri raptum virginis nuntiat. contra raptorem indig-
nata mater armatam manum ducit. nec Plutonem mulieris fefellit adven-*
25 *tus, sed ut retorsit ad civitatem oculos et infinitos cuneos respexit venire
cum matre, funestum cepit ex desperatione consilium. quadrigam qua⟨e⟩
vehiculum trahebat per medium lacum dirigit. is erat profundis voraginibus
immersus. illic cum amata submersus virgine miserandae matri de morte filiae funestum spectaculum praebuit. Hennenses ut possent maternis lucti-* 4
30 *bus ex aliqua parta invenire solacium, inferorum regem virginem rapuisse
finxerunt, et ut fides figmenta sequeretur, prope Syracusas eum per alium lacum cum virgine emersisse iactarunt. templum sane et raptori et virgini accurate conlatis sumptibus faciunt, et annua in templo vota decernunt. sed
nullo genere matris dolor vincitur, nec muliebris inpatientiae tormenta cu-*
35 *rantur, sed credens vere filiam prope Syracusas esse visam, Triptolemo duce
vilico suo nocturnis itineribus ad Syracusanae civitatis litus cum lugubri
veste ac sordido squalore pervenit. nec illic defuit qui credulam de calamita-
tibus suis falleret matrem. ait se Pandarus nescio qui vidisse non longe a
Pachyno navem raptorem ascendisse cum virgine. persuasum est mulieri*
40 *quae quoquolibet genere vivere filiam cupiebat audire, infinitis donis re-
munerat civitatem. Syracusani liberalitate mulieris provocati raptum virginis* 5
*consecrant et mitigantes dolorem matris pompam miseri funeris excolunt*

---

**14** *auream* edd.    *aureū* **P** ‖ **20** *resecati* Haupt coll. Hor. Carm. I 6, 18    *reserati* Ellis,
Turcan    *destricti* Ziegler² *reservati* **P** Ziegler¹ ‖ **26–27** *quae – trahebat* Flacius    *qua –
trahebat* **P**    *qua – trahebatur* Ziegler, Pastorino², Turcan ‖ **28** *immensus* Gronovius,
Ziegler² ‖ **31** *lacum* Widmann ap. Ziegler²    *locū* **P** ‖ **32** *emersisse* Flacius    *mersisse* **P**,
def. A. Müller ‖ **40** *quoquolibet* Ziegler², Turcan    *quoquolib* **P**    *quod quolibet* Ziegler¹,
Pastorino    *quia q.* Oehler    *quoniam q.* Halm ‖ ⟨*et*⟩ *infinitis* Ziegler² ‖ *donis* Bursian
*dotis* **P**    *dotibus* Flacius

*honore templorum. sed nec hoc sufficit matri, sed ascensa nave per pere-*
*grina litora filiam quaerit. sic fluctibus tempestatibusque iactata ad Atticae*
*urbis locum pervenit. illic hospitio recepta incolis incognitum adhuc triti-* 45
*cum dividit. locus ex patria et ex adventu mulieris nomen accepit, nam*
6 *Eleusin dictus est, quod illuc Ceres relicta Henna venerat. sic quod ipsa dis-*
*pensato quod adtulerat frumento colligendarum frugum tradiderat discipli-*
*nam, post mortem ob beneficium, quod ex frugum copia nascebatur, et se-*
*pulta in loco est pariter et consecrata, et divino cum filia appellata nomine.* 50

(e) Varia

**94.** AVGVSTINVS Epist. 17, 3

*nam si tibi* (scil. Maximo Madaurensi) *auctoritas placet Maronis, sicut*
*placere significas, profecto etiam illud placet:*
> *primus ab aetherio venit Saturnus Olympo*
> *arma Iovis fugiens et regnis exul ademptis* (Aen. VIII 319 sq.)
*et cetera, quibus eum atque huius modi deos vestros vult intellegi homines* 5
*fuisse. legerat enim ille Euhemeri historiam vetusta auctoritate roboratam,*
*quam etiam Tullius legerat* (cf. T 14), *qui hoc idem in dialogis plus, quam*
*postulare auderemus, commemorat et perducere in hominum notitiam,*
*quantum illa tempora patiebantur, molitur.*

**95.** CHARISIVS Ars grammatica l. 1 p. 158 Barwick

*'Cretenses' Ennius, ut Varro libro I de sermone Latino scribit* (F 54 Goetz-Schoell).

## VI. Falsa

**1.** ENNIVS Annales l. 1 fr. XXII Vahlen[2] = fr. XXI O. Skutsch ap. No-
NIVM De comp. doctr. l. 3 (I 320 Lindsay)

'Euhemeri' reliquiis adnumerabant Krahner 40 sq. adn. 1 et Némethy 19–21, sed alii
'Annalibus' rectius tribuerunt, e. g. Vahlen[2] XCIII. CLI. CCXXII, v. Gils 70 sq., Jacoby[1] 955, Bolisani 118, O. Skutsch 183 sq.

**2.** DIODORVS

(a) Bibl. hist. I 27. 28. 44. 47. 53; II 9. 20. 38. 39; III 52–55. 56–61. 71–72; IV 1–39;

---

**94** cf. Aug. (T 12, 59). vide Vahlen[1] 534 sq., Schelkle 9 sq., Nailis 82 sq. ‖ **95** Euhemero dubitanter tribuunt Némethy[1] 82 et Vahlen[2] XCVIII

47-48 *dispensato – frumento* Gronovius *dispensatio – frumenta* P ‖ **50** *in*] *hoc*
Skutsch | *nomine* Wower *numine* P ‖ **94 3** *aethere* A edd. ‖ **4** *adeptus* A ‖ **5** *huiusce modi*
R edd. ‖ **6** *Euhemeri* f 1 r Nailis 83 (reiecit v. d. Meer, 'Stellingen III' in dissert.) *multam*
codd. a e m, Vahlen[1] 535 *mysticam* Goldbacher, Schelkle, Hagendahl

V 64–80 Euhemero vindicavit Ganß 24 sq., sed eius sententiam recte reiecerunt Sieroka 17 sq., Némethy[1] 9–11, v. Gils 95 sq. adn. 1, Jacoby[1] 954, v. d. Meer 36
(b) Bibl. hist. V 66, 4 Euhemero falso tribuunt Gatz 123. 124 et Wifstrand Schiebe 135
(c) Bibl. hist. V 74, 2 Euhemero adscribunt Kleingünther 27 adn. 32 et Schippers 3 (cf. Ganß l. c.), sed abrogat v. d. Meer ('Stellingen II') in dissert. et id., Museum 38, 1953, 241

**3. Tibvllvs Carm. II 5, 9**
Johnston 67 sq. 'appears to be a direct echo of Ennius' translation', cf. app. ad T 58

**4. Vergilivs Aen. VIII 319–325**
Johnston 63–65. aliter Lovejoy-Boas 57, Wifstrand Schiebe 22 sq. 35 sq., Winiarczyk[9], cf. app. ad T 58

**5. Ovidivs Fasti I 206 sqq.**
Johnston 68 sq.

**6. Strabo Geogr. I 3, 1**
vide app. ad T 4

**7. Firmicvs Maternvs De errore prof. rel. VI 1–5 (de Libero Cretico) et VI 6–8 (de Libero Thebano)**
Euhemero tribuunt Münter 995 sq., Némethy[1] 28 sq. 68–70 (F XLVIII–XLIX), Némethy[2] 9 sq., Moore 31, sed iure abrogant Breysig 424, Kroll[1] 1480, v. Gils 121, Jacoby[1] 955, Schippers 88 sq. vide etiam Zucker 472

**8. Lydvs De mensibus IV 154**
vide app. ad T 55

**9. Ps.-Evdocia Violarium 414 p. 311 sq. Flach**
J. Burckhardt, Griechische Kulturgeschichte, II, Berlin – Stuttgart 1898, 80 adn. 3 'vermutlich direkt aus Euhemeros'. aliter Némethy[4] 127

**10. Testimonia coniecturae ope Euhemero attributa**
(a) Hyginvs Fabulae 183
Euhemerum pro Homero restituendum coniecit B. Bunte, Lipsiae 1856, 138, sed hanc opinionem recte reiecit Sieroka 26 adn. 3

(b) Diogenes Laertivs Vit. phil. II 97
Εὐήμερον pro Ἐπικούρῳ legit F. Nietzsche, Analecta Laertiana, RhM 25, 1870, 231. quam coniecturam reiecerunt e. g. Rohde[1] 241 adn. 1, Usener[1] 259, v. d. Meer 126 sq., Krokiewicz 202, Winiarczyk[5] 84 sq. vide app. ad T 16

(c) Censorinvs Epit. 9 p. 71, 10 Sallmann
Euhemerus pro Eueno in multis editionibus saec. XVI–XIX publici iuris factis legebatur (e. g. L. Carrio, Lutetiae 1583, 19; H. Lindenbrog, Lugduni Batavorum 1642[2], 218; S. Havercamp, Lugduni Batavorum 1767, 140; J. S. Gruber, Norimbergae 1810[2], 138). quam coniecturam recte reiecit Krahner 29 adn. 2

(d) Avsonivs Cento nuptialis p. 169 Prete
Euhemerum pro Eueno falso proposuit Hadr. Iunius ap. I. Scaligerum, Ausonianarum lectionum libri duo, (Genavae) 1588, 191. reiecit Krahner 29 adn. 2

(e) Fvlgentivs Mythol. I 15
Euhemerum pro Euximene nullo iure scribere iussit C. Müller (FHG II 67, Anaximander Mil. F 5). reiecit Sieroka 26 adn. 3

# APPENDIX

Epitome operis Euhemeri a Diodoro V 41–46 facta (cuius epitomes particulae diversis locis editionis nostrae afferuntur)

**41** ἐπεὶ δὲ περὶ τῆς πρὸς ἑσπέραν κεκλιμένης χώρας καὶ τῆς πρὸς τὰς ἄρκτους νενευκυίας, ἔτι δὲ τῶν κατὰ τὸν ὠκεανὸν νήσων διεξήλθομεν, ἐν μέρει διέξιμεν περὶ τῶν κατὰ τὴν μεσημβρίαν νήσων τῶν ἐν ὠκεανῷ τῆς Ἀραβίας τῆς πρὸς ἀνατολὴν κεκλιμένης καὶ προσ-
**2** οριζούσης τῇ καλουμένῃ Κεδρωσίᾳ. ἡ μὲν γὰρ χώρα πολλαῖς κώμαις καὶ πόλεσιν ἀξιο-λόγοις κατοικεῖται, καὶ τούτων αἱ μὲν ἐπὶ χωμάτων ἀξιολόγων κεῖνται, αἱ δ' ἐπὶ γεω-λόφων ἢ πεδίων καθίδρυνται· ἔχουσι δ' αὐτῶν αἱ μέγισται βασίλεια κατεσκευασμένα
**3** πολυτελῶς, πλῆθος οἰκητόρων ἔχοντα καὶ κτήσεις ἱκανάς. πᾶσα δ' αὐτῶν ἡ χώρα γέμει θρεμμάτων παντοδαπῶν, καρποφοροῦσα καὶ νομὰς ἀφθόνους παρεχομένη τοῖς βο-σκήμασι· ποταμοί τε πολλοὶ διαρρέοντες ἐν αὐτῇ πολλὴν ἀρδεύουσι χώραν, συνεργοῦν-τες πρὸς τελείαν αὔξησιν τῶν καρπῶν. διὸ καὶ τῆς Ἀραβίας ἡ πρωτεύουσα τῇ ἀρετῇ
**4** προσηγορίαν ἔλαβεν οἰκείαν, εὐδαίμων ὀνομασθεῖσα. ταύτης δὲ κατὰ τὰς ἐσχατιὰς τῆς παρωκεανίτιδος χώρας κατ' ἀντικρὺ νῆσοι κεῖνται πλείους, ὧν τρεῖς εἰσιν ἄξιαι τῆς ἱστορικῆς ἀναγραφῆς, μία μὲν ἡ προσαγορευομένη Ἱερά, καθ' ἣν οὐκ ἔξεστι τοὺς τετε-λευτηκότας θάπτειν, ἑτέρα δὲ πλησίον ταύτης, ἀπέχουσα σταδίους ἑπτά, εἰς ἣν κομί-ζουσι τὰ σώματα τῶν ἀποθανόντων ταφῆς ἀξιοῦντες. ἡ δ' οὖν Ἱερὰ τῶν μὲν ἄλλων καρπῶν ἄμοιρός ἐστι, φέρει δὲ λιβανωτοῦ τοσοῦτο πλῆθος, ὥστε διαρκεῖν καθ' ὅλην τὴν οἰκουμένην πρὸς τὰς τῶν θεῶν τιμάς· ἔχει δὲ καὶ σμύρνης πλῆθος διάφορον καὶ τῶν
**5** ἄλλων θυμιαμάτων παντοδαπὰς φύσεις, παρεχομένας πολλὴν εὐωδίαν. ἡ δὲ φύσις ἐστὶ τοῦ λιβανωτοῦ καὶ ἡ κατασκευὴ τοιάδε· δένδρον ἐστὶ τῷ μὲν μεγέθει μικρόν, τῇ δὲ προσόψει τῇ ἀκάνθῃ τῇ Αἰγυπτίᾳ τῇ λευκῇ παρεμφερές, τὰ δὲ φύλλα τοῦ δένδρου ὅμοια τῇ ὀνομαζομένῃ ἰτέᾳ, καὶ τὸ ἄνθος ἐπ' αὐτῷ φύεται χρυσοειδές, ὁ δὲ λιβανωτὸς
**6** γινόμενος ἐξ αὐτοῦ ὀπίζεται ὡς ἂν δάκρυον. τὸ δὲ τῆς σμύρνης δένδρον ὅμοιόν ἐστι τῇ σχίνῳ, τὸ δὲ φύλλον ἔχει λεπτότερον καὶ πυκνότερον. ὀπίζεται δὲ περισκαφείσης τῆς γῆς ἀπὸ τῶν ῥιζῶν, καὶ ὅσα μὲν αὐτῶν ἐν ἀγαθῇ γῇ πέφυκεν, ἐκ τούτων γίνεται δὶς τοῦ ἐνιαυτοῦ, ἔαρος καὶ θέρους· καὶ ὁ μὲν πυρρὸς ἐαρινὸς ὑπάρχει διὰ τὰς δρόσους, ὁ δὲ λευκὸς θερινός ἐστι. τοῦ δὲ παλιούρου συλλέγουσι τὸν καρπόν, καὶ χρῶνται βρωτοῖς
**42** καὶ ποτοῖς καὶ πρὸς τὰς κοιλίας τὰς ῥεούσας φαρμάκῳ. διῄρηται δὲ τοῖς ἐγχωρίοις ἡ χώρα, καὶ ταύτης ὁ βασιλεὺς λαμβάνει τὴν κρατίστην, καὶ τῶν καρπῶν τῶν γινομένων ἐν τῇ νήσῳ δεκάτην λαμβάνει. τὸ δὲ πλάτος τῆς νήσου φασὶν εἶναι σταδίων ὡς διακο-
**2** σίων. κατοικοῦσι δὲ τὴν νῆσον οἱ καλούμενοι Παγχαῖοι, καὶ τόν τε λιβανωτὸν καὶ τὴν σμύρναν κομίζουσιν εἰς τὸ πέραν καὶ πωλοῦσι τοῖς τῶν Ἀράβων ἐμπόροις, παρ' ὧν ἄλ-λοι τὰ τοιαῦτα φορτία ὠνούμενοι διακομίζουσιν εἰς τὴν Φοινίκην καὶ Κοίλην Συρίαν, ἔτι δ' Αἴγυπτον, τὸ δὲ τελευταῖον ἐκ τούτων τῶν τόπων ἔμποροι διακομίζουσιν εἰς πᾶ-
**3** σαν τὴν οἰκουμένην. ἔστι δὲ καὶ ἄλλη νῆσος μεγάλη, τῆς προειρημένης ἀπέχουσα στα-δίους τριάκοντα, εἰς τὸ πρὸς ἕω μέρος τοῦ ὠκεανοῦ κειμένη, τῷ μήκει πολλῶν τινων σταδίων· ἀπὸ γὰρ τοῦ πρὸς ἀνατολὰς ἀνήκοντος ἀκρωτηρίου φασὶ θεωρεῖσθαι τὴν Ἰν-
**4** δικὴν ἀέριον διὰ τὸ μέγεθος τοῦ διαστήματος. ἔχει δ' ἡ Παγχαία κατ' αὐτὴν πολλὰ τῆς ἱστορικῆς ἀναγραφῆς ἄξια. κατοικοῦσι δ' αὐτὴν αὐτόχθονες μὲν οἱ Παγχαῖοι λεγόμενοι,
**5** ἐπήλυδες δ' Ὠκεανῖται καὶ Ἰνδοὶ καὶ Σκύθαι καὶ Κρῆτες. πόλις δ' ἔστιν ἀξιόλογος ἐν αὐτῇ, προσαγορευομένη μὲν Πανάρα, εὐδαιμονίᾳ δὲ διαφέρουσα. οἱ δὲ ταύτην οἰκοῦντες

56

καλοῦνται μὲν ἱκέται τοῦ Διὸς τοῦ Τριφυλίου, μόνοι δ' εἰσὶ τῶν τὴν Παγχαίαν χώραν οἰκούντων αὐτόνομοι καὶ ἀβασίλευτοι. ἄρχοντας δὲ καθιστᾶσι κατ' ἐνιαυτὸν τρεῖς· οὗτοι
δὲ θανάτου μὲν οὐκ εἰσὶ κύριοι, τὰ δὲ λοιπὰ πάντα διακρίνουσι· καὶ αὐτοὶ δὲ οὗτοι τὰ
μέγιστα ἐπὶ τοὺς ἱερεῖς ἀναφέρουσιν. ἀπὸ δὲ ταύτης τῆς πόλεως ἀπέχει σταδίους ὡς 6
ἑξήκοντα ἱερὸν Διὸς Τριφυλίου, κείμενον μὲν ἐν χώρᾳ πεδιάδι, θαυμαζόμενον δὲ μάλιστα διά τε τὴν ἀρχαιότητα καὶ τὴν πολυτέλειαν τῆς κατασκευῆς καὶ τὴν τῶν τόπων εὐφυΐαν. τὸ μὲν οὖν περὶ τὸ ἱερὸν πεδίον συνηρεφές ἐστι παντοίοις δένδρεσιν, οὐ μόνον 43
καρποφόροις, ἀλλὰ καὶ τοῖς ἄλλοις τοῖς δυναμένοις τέρπειν τὴν ὄρασιν· κυπαρίττων τε
γὰρ ἐξαισίων τοῖς μεγέθεσι καὶ πλατάνων καὶ δάφνης καὶ μυρσίνης καταγέμει, πλήθοντος τοῦ τόπου ναματιαίων ὑδάτων. πλησίον γὰρ τοῦ τεμένους ἐκ τῆς γῆς ἐκπίπτει τηλι- 2
καύτη τὸ μέγεθος πηγὴ γλυκέος ὕδατος, ὥστε ποταμὸν ἐξ αὐτῆς γίνεσθαι πλωτόν· ἐκ
τούτου δ' εἰς πολλὰ μέρη τοῦ ὕδατος διαιρουμένου, καὶ τούτων ἀρδευομένων, κατὰ
πάντα τὸν τοῦ πεδίου τόπον συνάγκειαι δένδρων ὑψηλῶν πεφύκασι συνεχεῖς, ἐν αἷς
πλῆθος ἀνδρῶν ἐν τοῖς τοῦ θέρους καιροῖς ἐνδιατρίβει, ὀρνέων τε πλῆθος παντοδαπῶν
ἐννεοττεύεται, ταῖς χρόαις διάφορα καὶ ταῖς μελῳδίαις μεγάλην παρεχόμενα τέρψιν,
κηπεῖαί τε παντοδαπαὶ καὶ λειμῶνες πολλοὶ καὶ διάφοραι ταῖς χλόαις καὶ τοῖς ἄνθεσιν,
ὥστε τῇ θεοπρεπείᾳ τῆς προσόψεως ἄξιον τῶν ἐγχωρίων θεῶν φαίνεσθαι. ἦν δὲ καὶ τῶν 3
φοινίκων στελέχη μεγάλα καὶ καρποφόρα διαφερόντως καὶ καρύαι πολλαὶ ἀκροδρύων
δαψιλεστάτην τοῖς ἐγχωρίοις ἀπόλαυσιν παρεχόμεναι. χωρὶς δὲ τούτων ὑπῆρχον ἄμπελοί
τε πολλαὶ καὶ παντοδαπαί, αἳ πρὸς ὕψος ἀνηγμέναι καὶ διαπεπλεγμέναι ποικίλως τὴν
πρόσοψιν ἡδεῖαν ἐποίουν καὶ τὴν ἀπόλαυσιν τῆς ὥρας ἑτοιμοτάτην παρείχοντο. ὁ δὲ 44
ναὸς ὑπῆρχεν ἀξιόλογος ἐκ λίθου λευκοῦ, τὸ μῆκος ἔχων δυεῖν πλέθρων, τὸ δὲ πλάτος
ἀνάλογον τῷ μήκει· κίοσι δὲ μεγάλοις καὶ παχέσιν ὑπήρειστο καὶ γλυφαῖς φιλοτέχνοις
διειλημμένος· ἀγάλματά τε τῶν θεῶν ἀξιολογώτατα, τῇ τέχνῃ διάφορα καὶ τοῖς βάρεσι
θαυμαζόμενα. κύκλῳ δὲ τοῦ ναοῦ τὰς οἰκίας εἶχον οἱ θεραπεύοντες τοὺς θεοὺς ἱερεῖς, 2
δι' ὧν ἅπαντα τὰ περὶ τὸ τέμενος διῳκεῖτο. ἀπὸ δὲ τοῦ ναοῦ δρόμος κατεσκεύαστο, τὸ
μὲν μῆκος σταδίων τεττάρων, τὸ δὲ πλάτος πλέθρου. παρὰ δὲ τὴν πλευρὰν ἑκατέραν 3
τοῦ δρόμου χαλκεῖα μεγάλα κεῖται, τὰς βάσεις ἔχοντα τετραγώνους· ἐπ' ἐσχάτῳ δὲ τοῦ
δρόμου τὰς πηγὰς ἔχει λάβρως ἐκχεομένας ὁ προειρημένος ποταμός. ἔστι δὲ τὸ φερόμενον ῥεῦμα τῇ λευκότητι καὶ γλυκύτητι διαφέρον, πρός τε τὴν τοῦ σώματος ὑγίειαν
πολλὰ συμβαλλόμενον τοῖς χρωμένοις· ὀνομάζεται δ' ὁ ποταμὸς οὗτος Ἡλίου ὕδωρ. περι- 4
έχει δὲ τὴν πηγὴν ὅλην κρηπὶς λιθίνη πολυτελής, διατείνουσα παρ' ἑκατέραν πλευρὰν
σταδίους τέτταρας· ἄχρι δὲ τῆς ἐσχάτης κρηπῖδος ὁ τόπος οὐκ ἔστι βάσιμος ἀνθρώπῳ
πλὴν τῶν ἱερέων. τὸ δ' ὑποκείμενον πεδίον ἐπὶ σταδίους διακοσίους καθιερωμένον ἐστὶ 5
τοῖς θεοῖς, καὶ τὰς ἐξ αὐτοῦ προσόδους εἰς τὰς θυσίας ἀναλίσκουσι. μετὰ δὲ τὸ
προειρημένον πεδίον ὄρος ἐστὶν ὑψηλόν, καθιερωμένον μὲν θεοῖς, ὀνομαζόμενον δὲ Οὐρανοῦ δίφρος καὶ Τριφύλιος Ὄλυμπος. μυθολογοῦσι γὰρ τὸ παλαιὸν Οὐρανὸν βασιλεύ- 6
οντα τῆς οἰκουμένης προσηνῶς ἐνδιατρίβειν ἐν τῷδε τῷ τόπῳ, καὶ ἀπὸ τοῦ ὕψους ἐφορᾶν τόν τε οὐρανὸν καὶ τὰ κατ' αὐτὸν ἄστρα, ὕστερον δὲ Τριφύλιον Ὄλυμπον κληθῆναι
διὰ τὸ τοὺς κατοικοῦντας ὑπάρχειν ἐκ τριῶν ἐθνῶν· ὀνομάζεσθαι δὲ τοὺς μὲν Παγχαίους, τοὺς δ' Ὠκεανίτας, τοὺς δὲ Δῴους· οὓς ὕστερον ὑπὸ Ἄμμωνος ἐκβληθῆναι. τὸν 7
γὰρ Ἄμμωνά φασι μὴ μόνον φυγαδεῦσαι τοῦτο τὸ ἔθνος, ἀλλὰ καὶ τὰς πόλεις αὐτῶν
ἄρδην ἀνελεῖν, καὶ κατασκάψαι τήν τε Δῴαν καὶ Ἀστερουσίαν. θυσίαν τε κατ' ἐνιαυτὸν
ἐν τούτῳ τῷ ὄρει ποιεῖν τοὺς ἱερεῖς μετὰ πολλῆς ἁγνείας. μετὰ δὲ τὸ ὄρος τοῦτο καὶ 45
κατὰ τὴν ἄλλην Παγχαῖτιν χώραν ὑπάρχειν φασὶ ζῴων παντοδαπῶν πλῆθος· ἔχειν γὰρ
αὐτὴν ἐλέφαντάς τε πολλοὺς καὶ λέοντας καὶ παρδάλεις καὶ δορκάδας καὶ ἄλλα θηρία
πλείω διάφορα ταῖς τε προσόψεσι καὶ ταῖς ἀλκαῖς θαυμαστά. ἔχει δὲ ἡ νῆσος αὕτη καὶ 2
πόλεις τρεῖς ἀξιολόγους, Ὑρακίαν καὶ Δαλίδα καὶ Ὠκεανίδα. τὴν δὲ χώραν ὅλην εἶναι
καρποφόρον, καὶ μάλιστα οἴνων παντοδαπῶν ἔχειν πλῆθος. εἶναι δὲ τοὺς ἄνδρας πολεμι- 3

κοὺς καὶ ἅρμασι χρῆσθαι κατὰ τὰς μάχας ἀρχαϊκῶς. τὴν δ' ὅλην πολιτείαν ἔχουσι τριμερῆ, καὶ πρῶτον ὑπάρχει μέρος παρ' αὐτοῖς τὸ τῶν ἱερέων, προσκειμένων αὐτοῖς τῶν τεχνιτῶν, δευτέρα δὲ μερὶς ὑπάρχει τῶν γεωργῶν, τρίτη δὲ τῶν στρατιωτῶν, προστιθεμένων τῶν νομέων. οἱ μὲν οὖν ἱερεῖς τῶν ἁπάντων ἦσαν ἡγεμόνες, τάς τε τῶν ἀμφισβητήσεων κρίσεις ποιούμενοι καὶ τῶν ἄλλων τῶν δημοσίᾳ πραττομένων κύριοι· οἱ δὲ γεωργοὶ τὴν γῆν ἐργαζόμενοι τοὺς καρποὺς ἀναφέρουσιν εἰς τὸ κοινόν, καὶ ὅστις ἂν αὐτῶν δοκῇ μάλιστα γεγεωργηκέναι, λαμβάνει γέρας ἐξαίρετον ἐν τῇ διαιρέσει τῶν καρπῶν, κριθεὶς ὑπὸ τῶν ἱερέων ὁ πρῶτος καὶ ὁ δεύτερος καὶ οἱ λοιποὶ μέχρι δέκα,
5 προτροπῆς ἕνεκα τῶν ἄλλων. παραπλησίως δὲ τούτοις καὶ οἱ νομεῖς τά τε ἱερεῖα καὶ τἄλλα παραδιδόασιν εἰς τὸ δημόσιον, τὰ μὲν ἀριθμῷ, τὰ δὲ σταθμῷ, μετὰ πάσης ἀκριβείας. καθόλου γὰρ οὐδὲν ἔστιν ἰδίᾳ κτήσασθαι πλὴν οἰκίας καὶ κήπου, πάντα δὲ τὰ γεννήματα καὶ τὰς προσόδους οἱ ἱερεῖς παραλαμβάνοντες τὸ ἐπιβάλλον ἑκάστῳ δικαίως
6 ἀπονέμουσι, τοῖς δ' ἱερεῦσι μόνοις δίδοται διπλάσιον. χρῶνται δ' ἐσθῆσι μὲν μαλακαῖς διὰ τὸ παρ' αὐτοῖς πρόβατα ὑπάρχειν διαφέροντα τῶν ἄλλων διὰ τὴν μαλακότητα· φοροῦσι δὲ καὶ κόσμον χρυσοῦν οὐ μόνον αἱ γυναῖκες, ἀλλὰ καὶ οἱ ἄνδρες, περὶ μὲν τοὺς τραχήλους ἔχοντες στρεπτοὺς κύκλους, περὶ δὲ τὰς χεῖρας ψέλια, ἐκ δὲ τῶν ὤτων παραπλησίως τοῖς Πέρσαις ἐξηρτημένους κρίκους. ὑποδέσεσι δὲ κοίλαις χρῶνται καὶ τοῖς
46 χρώμασι πεποικιλμέναις περιττότερον. οἱ δὲ στρατιῶται λαμβάνοντες τὰς μεμερισμένας συντάξεις φυλάττουσι τὴν χώραν, διειληφότες ὀχυρώμασι καὶ παρεμβολαῖς· ἔστι γάρ τι μέρος τῆς χώρας ἔχον λῃστήρια θρασέων καὶ παρανόμων ἀνθρώπων, οἳ τοὺς γεωργοὺς
2 ἐνεδρεύοντες πολεμοῦσι τούτους. αὐτοὶ δ' οἱ ἱερεῖς πολὺ τῶν ἄλλων ὑπερέχουσι τρυφῇ καὶ ταῖς ἄλλαις ταῖς ἐν τῷ βίῳ καθαριότησι καὶ πολυτελείαις· στολὰς μὲν γὰρ ἔχουσι λινᾶς, τῇ λεπτότητι καὶ μαλακότητι διαφόρους, ποτὲ δὲ καὶ τὰς ἐκ τῶν μαλακωτάτων ἐρίων κατεσκευασμένας ἐσθῆτας φοροῦσι· πρὸς δὲ τούτοις μίτρας ἔχουσι χρυσοϋφεῖς· τὴν δ' ὑπόδεσιν ἔχουσι σανδάλια ποικίλα φιλοτέχνως εἰργασμένα· χρυσοφοροῦσι δ' ὁμοίως ταῖς γυναιξὶ πλὴν τῶν ἐνωτίων. προσεδρεύουσι δὲ μάλιστα ταῖς τῶν θεῶν θεραπείαις καὶ τοῖς περὶ τούτων ὕμνοις τε καὶ ἐγκωμίοις, μετ' ᾠδῆς τὰς πράξεις αὐτῶν καὶ
3 τὰς εἰς ἀνθρώπους εὐεργεσίας διαπορευόμενοι. μυθολογοῦσι δ' οἱ ἱερεῖς τὸ γένος αὑτοῖς ἐκ Κρήτης ὑπάρχειν, ὑπὸ Διὸς ἠγμένοις εἰς τὴν Παγχαίαν, ὅτε κατ' ἀνθρώπους ὢν ἐβασίλευε τῆς οἰκουμένης· καὶ τούτων σημεῖα φέρουσι τῆς διαλέκτου, δεικνύντες τὰ πολλὰ διαμένειν παρ' αὐτοῖς Κρητικῶς ὀνομαζόμενα· τήν τε πρὸς αὐτοὺς οἰκειότητα καὶ φιλανθρωπίαν ἐκ προγόνων παρειληφέναι, τῆς φήμης ταύτης τοῖς ἐκγόνοις παραδιδομένης ἀεί. ἐδείκνυον δὲ καὶ ἀναγραφὰς τούτων, ἃς ἔφασαν τὸν Δία πεποιῆσθαι καθ' ὃν
4 καιρὸν ἔτι κατ' ἀνθρώπους ὢν ἱδρύσατο τὸ ἱερόν. ἔχει δ' ἡ χώρα μέταλλα δαψιλῆ χρυσοῦ τε καὶ ἀργύρου καὶ χαλκοῦ καὶ καττιτέρου καὶ σιδήρου· καὶ τούτων οὐδὲν ἔστιν ἐξενεγκεῖν ἐκ τῆς νήσου, τοῖς δ' ἱερεῦσιν οὐδ' ἐξελθεῖν τὸ παράπαν ἐκ τῆς καθιε
5 ρωμένης χώρας· τὸν δ' ἐξελθόντα ἐξουσίαν ἔχει ὁ περιτυχὼν ἀποκτεῖναι. ἀναθήματα δὲ χρυσᾶ καὶ ἀργυρᾶ πολλὰ καὶ μεγάλα τοῖς θεοῖς ἀνάκειται, σεσωρευκότος τοῦ χρόνου τὸ
6 πλῆθος τῶν καθιερωμένων ἀναθημάτων. τά τε θυρώματα τοῦ ναοῦ θαυμαστὰς ἔχει τὰς κατασκευὰς ἐξ ἀργύρου καὶ χρυσοῦ καὶ ἐλέφαντος, ἔτι δὲ θύας δεδημιουργημένας. ἡ δὲ κλίνη τοῦ θεοῦ τὸ μὲν μῆκος ὑπάρχει πηχῶν ἕξ, τὸ δὲ πλάτος τεττάρων, χρυσῆ δ' ὅλη
7 καὶ τῇ κατὰ μέρος ἐργασίᾳ φιλοτέχνως κατεσκευασμένη. παραπλήσιος δὲ καὶ ἡ τράπεζα τοῦ θεοῦ καὶ τῷ μεγέθει καὶ τῇ λοιπῇ πολυτελείᾳ παράκειται πλησίον τῆς κλίνης. κατὰ μέσην δὲ τὴν κλίνην ἕστηκε στήλη χρυσῆ μεγάλη, γράμματα ἔχουσα τὰ παρ' Αἰγυπτίοις ἱερὰ καλούμενα, δι' ὧν ἦσαν αἱ πράξεις Οὐρανοῦ τε καὶ Διὸς ἀναγεγραμμέναι, καὶ μετὰ ταύτας αἱ Ἀρτέμιδος καὶ Ἀπόλλωνος ὑφ' Ἑρμοῦ προσαναγεγραμμέναι. περὶ μὲν οὖν τῶν κατ' ἀντικρὺ τῆς Ἀραβίας ἐν ὠκεανῷ νήσων ἀρκεσθησόμεθα τοῖς ῥηθεῖσι.

# INDEX NOMINVM
## Pars Graeca

59

# Pars Latina

Acestes: 64 A; -ae (gen.) 64 A
Aeacus: 81 (bis), 82 A–B
Aegiochus: -um (Iovem) 68
Aegipan: -ana 68
Aegyptius: -orum 79 B
Aeneas: 64 A
Aethiopes: 84
Aex: Aega 68
Aglaosthenes: -en 57
Agragantinus: -o (abl.) 21
Alexander polyhistor: 80
Antisthenes: 80
Antonius (Marcus Ant. Creticus): -i 70
Apion: 80
Apollo Delphicus: -inis 9
Arabia: 32 A–C; -ae (gen.) 32 B, 84; -ā 84
Arabs: 48; -um 32 A; -as 43 B
Aratus (liber): -o (abl.) 57
Aristaeus: -o (abl.) 24
Aristagoras: 80
Aristophanes: 79 B
Artemidorus: 80
Ataburius: -o (Iovi) 64 A
Ataburus: 64 A
Athenae: -as 82 A
Atticus: -ae (urbis) 93
Aulacia: -ā 52

Butoridas: 80

Cadmus Phoenix: 81
Caelus: 51 A–B; -i (sella) 62; -o (dat.) 52, 62
Caesar (C. Iulius): -are 13
Caesar (Germanicus): 57
Capitolium: -o (abl.) 11
Casius: -o (Iovi) 64 A
Cea (insula): -ā 24
Ceres: 54, 93 (bis); -eris 9, 93; -ere 9, 93
Chaldaeus: 48; -orum 79 B
Cicero: 13 (bis), 69 A
Cinyras: 89, 90, 91; -am 91
Conon: 79 B
Creta: -ae (gen.) 24; -am 56; -ā 69 A (bis), 69 B (bis), 93
Cretensis: -em 69 A; -es 95; -ium 56
Curetes: 69 A

Cyprius: -ae (gen.) 90; -ae (dat.) 91; -ium 91; -o (abl.) 89
Cyprus: -o (abl.) 75 A–B

Demetrius: 80
Demoteles: 80
Diagoras Melius: -ā 21
Didymus (Chalcenterus): 64 A
Dictaeus: -i (Iovis) 9; -o (specu) 24 (bis)
Dionysius: 80
Dis pater: 54
Duris Samius: 80

Eleusinia: -ae (Cereris) 9
Eleusis: -in 93
Ennius: 10, 12, 14, 21, 28, 51 A, 52, 62, 65, 69 A, 95; -ii 54; -um 83; -o 13
Enyo: -us 71
Erechtheus: -i 24
Erichthonius Atheniensis: 81, 82 A
Euemerus: 79 B
Euhemerus: 9, 10, 12, 13, 24 (bis), 28, 51 B, 52, 64 A–B, 65, 68, 69 B, 71, 72, 73, 74, 80; -i 83, 94; -o 11; -um 13; -o 14 (bis), 21, 51 A
Euphronius: 24

Gellius: 81
Glauca: 54; -am 54 (bis)
Gnossus: -o (abl.) 69 A–B
Gorgo: -ona 72
Graeci: 93; -orum 28, 79 B; -os 28
Graecia: -ae (gen.) 13, 28; -ā 13
Graecus: -o (sermone) 12; -is (litteris) 69 A–B

Henna: -ae (gen.) 93; -am 93; -ā 93
Hennensis: -i (muliere) 93; -es 93
Hermes Trismegistus: 51 B (bis)
Hermogenes: 79 B
Herodotus: 80
Hippo Melius: -one 21
Historia Sacra: 64 A, 75 A; -ā 66
Hyginus: 24
Hymettus: -o (abl.) 24

Indus: 47 B, 48; -i (pl.) 84
Indus (rex): 82 A–B

# INDEX VERBORVM NOTABILIVM
## Pars Graeca

## Pars Latina

invenire: 93; -venit 81, 82 A (bis); -venies
93; -venerat 67; -venta 93; -ventam
93; -as 9; -is 9
inventio: -onem 81
inventum: -a (acc.) 28

litterae: 12; -is (Graecis) 69 A–B; -is (veris) 54

memoria: -ae (gen.) 68; -am (inmortalem) 28
meritum: -a 12; -a (acc.) 9; -is (abl.) 93
metallum: -a (acc.) 81; -is (abl.) 81
mori: mortuum (esse) 52
mors: -tem 14, 28, 69 A, 93; -te 93; -tes 14
mortalis: -es (acc.) 11
murra: -am 43 A
myrr(h)a: -ae (gen.) 46; -am 48
mythus: -is (abl.) 73
mysterium: -iis (abl.) 13

narcissus: -i 93
nardus: -i 46
natalis: -es (deorum) 9, 28
numen: -inis 90; -a 45
nutrix: -icem 11; -ices 24
nympha: -ae (nom. pl.) 24

obitus: -us (acc. pl.) 10, 28
origo: -inem (Iovis) 10; -inibus 10

palmifer: -os 43 B
patria: -as (deorum) 9, 10
perpetuus: -um (nomen) 64 A
philosophor: -atur 9
phoenix (avis): 85; -icem 84
poeta: 13 (bis), 24; -am 24; -ā 13; -ae
69 A; -arum 54; -is 13; -as 10
poeticus: -ae (litterae) 12
precari: 14
prodesse: profuerunt 9; -fuerant 28; -des-
sent 14

regno: -aret 54 (ter), 70, 75 B; -asse
51 A–B, 69 A–B
regnum: 54; -um 51 A–B, 56, 57, 58, 70;
-o 54, 58; -is (abl.) 12, 94
religio: -onem 14 (bis), 64 A; -one 64 A;
-onum 14; -es 28; -ibus 54

reperio: repperit 75 B; reperientur 13; repperisse 82 B
repertor: -es (acc.) 9
res gestae: -es (acc.) 10, 28, 65; -bus (abl.)
69 A
rex: 82 A–B, 90; -gem 24, 93; -ge 32 D,
89; -ges 28, 62; -ges (acc.) 64 A
ritus: 64 A; ritus (acc. pl.) 64 A
rosa: -am 93

sacer: -ae (dat.) 79 B; -am 59; -um 84; -ā
(scriptione) 10, 54; -is (inscriptionibus) 10, 65
sacerdos: -otibus (abl.) 91
sacrificare: 52; -avit 62 (bis); -asse 62
sacrificium: -um (acc.) 57
sacrum: -i 93
sanctus: -is (abl.) 45
sapientes: -ium (scripta) 9
scriptio: -one (sacrā) 10, 54
secretum: 91; -o (dat.) 91
sella (Caeli): 62
semino: -avit (religionem cultus sui)
64 A; -avit (cultum sui nominis) 64 B
sempiternus: -a (monumenta) 69 A
sepelio: -pultum (esse) 52; -pulta 93
sepulchrum: 69 A (bis); -o (abl.) 69 A; -a
13
sepulcrum: 69 B; -a (acc.) 9, 10, 28
sepultura: -ae (deorum) 14
sidus: -erum 74; -a (acc.) 74
sol: -e 24
specus: -u 24
stella: 74

templum: 32 B; -um 91, 93; -o 93; -a
64 A; -orum 10, 93; -is (abl.) 65
theologus: -is 69 A; -os 28
titulus: 65; -is (abl.) 65
tureus: -a 32 A
turifer: -is (abl.) 32 D, 41 A, 47 A
tus: 32 A, 32 C; turis 84; tura 41 C, 43 A

utilis: -e 67
utilitas: -ati 9

venerari: 14
viola: -is (abl.) 93
virtus: -tis 9; -tem 28
votum: -a 93

# INDEX AVCTORVM

# NVMERORVM COMPARATIO

| Winiarczyk | Némethy | Jacoby | Vallauri |
|---|---|---|---|
| 1A | T1 | T4a | T1a |
| 1B | comm. ad T1 | – | – |
| 1C | comm. ad T13 | T2a | T3a |
| 2 | p.7 | – | T1b |
| 3 | F2 | T1, F2 | T2b, F1 |
| 4 | T3 | T5a | T6a |
| 5 | T4 | T5b | T6c |
| 6 | T6 | T5c | T6d |
| 7A | T5 | cf. T5c | T6b |
| 7B | – | – | – |
| 8 | T16 | F2 | F1 |
| 9 | T9 | T4f | T5f |
| 10 | comm. ad F13 | cf. F14 | – |
| 11 | T17 | cf. T4f | T5n1 |
| 12 | F20 | cf. T4f | T5n2 |
| 13 | T18 | cf. T4f | T5n3 |
| 14 | T2 | T4d = T6a | T5d |
| 15 | T7 | T4e | T5e |
| 16 | T8 | T4a | T5a |
| 17A | T21 | – | T5c2 |
| 17B | T22 | – | T5c3 |
| 18 | T11 | – | T5c1 |
| 19 | T19, 20 | cf. T4f | T5l |
| 20 | T13 | cf. T4f | T5h |
| 21 | T14 | cf. T4f | T5i |
| 22A | T12 | cf. T4f | T5g |
| 22B | – | – | – |
| 23 | T10 | T4b | T5b |
| 24 | F12 | F27 | F dubia 1 |
| 25 | T16 | F2 | T2a, F1 |
| 26 | – | – | – |
| 27 | F1 | T4c | T5c |
| 28 | T15 | cf. T4f | T5m |
| 29 | F3 | F3 | F2 |
| 30 | F3 | F3 | F2 |
| 31 | F3 | F3 | F2 |
| 32A | – | – | – |
| 32B | F5 | F30 | F dubia 4 |
| 33 | F3 | F3 | F2 |
| 34 | F3 | F3 | F2 |

# NVMERORVM COMPARATIO

| Winiarczyk | Némethy | Jacoby | Vallauri |
|---|---|---|---|
| 35 | F3 | F3 | F2 |
| 36 | F2 | F2 | F1 |
| 37 | F3 | F3 | F2 |
| 38 | F3 | F3 | F2 |
| 39 | F3 | F3 | F2 |
| 40 | comm. ad F4 | cf. app. ad F3 | cf. p.12 adn.66 |
| 41A | comm. ad F4 | cf. app. ad F3 | cf. p.12 adn.67 |
| 41B | comm. ad F4 | – | cf. p.12 adn.67 |
| 41C | – | cf. app. ad F3 | – |
| 42 | comm. ad F4 | cf. app. ad F3 | – |
| 43A | F4 | cf. app. ad F3 | cf. p.12 adn.68 |
| 43B | – | app. ad F30 | cf. p.12 adn.68 |
| 44 | – | – | – |
| 45 | comm. ad. F4 | – | – |
| 46 | – | – | – |
| 47A | – | – | – |
| 47B | – | – | – |
| 47C | comm. ad F4 | – | – |
| 48 | – | – | – |
| 49 | F6 | F2 | F1 |
| 50 | F3 | F3 | F2 |
| 51A | F7 | F12 | F12 |
| 51B | comm. ad F7 | cf. F12 | – |
| 52 | F8 | F13 | F13 |
| 53 | F9 | F2 | F1 |
| 54 | F11, 13, 15 | F14, 15 | F14, 15 |
| 55 | F10 | cf. F16 | – |
| 56 | F18 | F16 | F16 |
| 57 | F17 | F18 | F18 |
| 58 | F18 | F16 | F16 |
| 59 | F19 | F17 | F17 |
| 60 | F21 | F2 | F1 |
| 61 | F24 | F2 | F1 |
| 62 | F25 | F21 | F21 |
| 63 | F26 | F2 | F1 |
| 64A | F27 | F23 | F23 |
| 64B | comm. ad F27 | cf. F23 | – |
| 65 | F23 | T3 = T6b | T4 |
| 66 | F14 | F22 | F22 |
| 67 | F28 | F20 | F20 |
| 68 | F22 | F4 | F4 |
| 69A | F29 | F24 | F24 |
| 69B | comm. ad F29 | cf. F24 | – |
| 70 | F23 | F19 | F19 |
| 71 | p.102 | F31 | – |
| 72 | F30 | F5 | F5 |
| 73 | F31 | F6 | F6 |

70

# NVMERORVM COMPARATIO

| Winiarczyk | Némethy | Jacoby | Vallauri |
|---|---|---|---|
| 74 | F39 | F7 | F7 |
| 75A | F32 | F25 | F25 |
| 75B | – | – | – |
| 76 | F42 | F9 | F9 |
| 77 | F40 | T2b, F1 | T3b, F3 |
| 78 | F41 | F8 | F8 |
| 79A | F43 | F11 | F11 |
| 79B | – | – | – |
| 80 | F44 | F10 | F10 |
| 81 | F45 | F28 | F dubia 2 |
| 82A | – | – | – |
| 82B | – | – | – |
| 83 | F47 | F26 | F26 |
| 84 | – | F29 | F dubia 3 |
| 85 | – | – | – |
| 86 | – | – | – |
| 87 | F33 | – | cf. comm. ad F25 |
| 88 | F35 | – | cf. comm. ad F25 |
| 89 | F34 | – | cf. comm. ad F25 |
| 90 | F36 | – | cf. comm. ad F25 |
| 91 | F37 | – | cf. comm. ad F25 |
| 92 | F38 | – | cf. comm. ad F25 |
| 93 | F46 | – | – |
| 94 | – | – | – |
| 95 | comm. ad F18 | – | – |

| Némethy | Jacoby | Vallauri | Winiarczyk |
|---|---|---|---|
| T1 | T4a | T1a | 1A |
| T2 | T4d = T6a | T5d | 14 |
| T3 | T5a | T6a | 4 |
| T4 | T5b | T6c | 5 |
| T5 | cf. T5c | T6b | 7A |
| T6 | T5c | T6d | 6 |
| T7 | T4e | T5e | 15 |
| T8 | T4a | T5a | 16 |
| T9 | T4f | T5f | 9 |
| T10 | T4b | T5b | 23 |
| T11 | – | T5c1 | 18 |
| T12 | cf. T4f | T5g | 22A |
| T13 | cf. T4f | T5h | 20 |
| T14 | cf. T4f | T5i | 21 |
| T15 | cf. T4f | T5m | 28 |
| T16 | F2 | T2a, F1 | 25, 8 |
| T17 | cf. T4f | T5n1 | 11 |
| T18 | cf. T4f | T5n3 | 13 |
| T19 | cf. T4f | T5l | 19 |
| T20 | cf. T4f | T5l | 19 |

# NVMERORVM COMPARATIO

| Némethy | Jacoby | Vallauri | Winiarczyk |
|---------|--------|----------|------------|
| T21 | – | T5c2 | 17A |
| T22 | – | T5c3 | 17B |
| F1 | T4c | T5c | 27 |
| F2 | T1, F1 | T2b, F1 | 3, 36 |
| F3 | F3 | F2 | 29, 30, 31, 33, 34, 35, 37, 38, 39, 50 |
| F4 | cf. app. ad F3 | cf. p.12 adn.68 | 43A |
| F5 | F30 | F dubia 4 | 32B |
| F6 | F2 | F1 | 49 |
| F7 | F12 | F12 | 51A |
| F8 | F13 | F13 | 52 |
| F9 | F2 | F1 | 53 |
| F10 | cf. F16 | – | 55 |
| F11 | F14 | F14 | 54 |
| F12 | F27 | F dubia 1 | 24 |
| F13 | F14 | F14 | 54 |
| F14 | F22 | F22 | 66 |
| F15 | F15 | F15 | 54 |
| F16 | – | – | Falsa |
| F17 | F18 | F18 | 57 |
| F18 | F16 | F16 | 56, 58 |
| F19 | F17 | F17 | 59 |
| F20 | cf. T4f | T5n2 | 12 |
| F21 | F2 | F1 | 60 |
| F22 | F4 | F4 | 68 |
| F23 | F19 | F19 | 65, 70 |
| F24 | F2 | F1 | 61 |
| F25 | F21 | F21 | 62 |
| F26 | F2 | F1 | 63 |
| F27 | F23 | F23 | 64A |
| F28 | F20 | F20 | 67 |
| F29 | F24 | F24 | 69A |
| F30 | F5 | F5 | 72 |
| F31 | F6 | F6 | 73 |
| F32 | F25 | F25 | 75A |
| F33 | – | cf. comm. ad F25 | 87 |
| F34 | – | cf. comm. ad F25 | 89 |
| F35 | – | cf. comm. ad F25 | 88 |
| F36 | – | cf. comm. ad F25 | 90 |
| F37 | – | cf. comm. ad F25 | 91 |
| F38 | – | cf. comm. ad F25 | 92 |
| F39 | F7 | F7 | 74 |
| F40 | T2b, F1 | T3b, F3 | 77 |
| F41 | F8 | F8 | 78 |
| F42 | F9 | F9 | 76 |
| F43 | F11 | F11 | 79A |
| F44 | F10 | F10 | 80 |

# NVMERORVM COMPARATIO

| Némethy | Jacoby | Vallauri | Winiarczyk |
|---|---|---|---|
| F45 | F28 | F dubia 2 | 81 |
| F46 | – | – | 93 |
| F47 | F26 | F26 | 83 |
| F48 | – | – | Falsa |
| F49 | – | – | Falsa |

| Jacoby | Némethy | Vallauri | Winiarczyk |
|---|---|---|---|
| T1 | F2 | T2b | 3 |
| T2a | comm. ad T13 | T3a | 1C |
| T2b | F40 | T3b | 77 |
| T3 | F23 | T4 | 65 |
| T4a | T8 | T5a | 16 |
| T4b | T10 | T5b | 23 |
| T4c | F1 | T5c | 27 |
| T4d | T2 | T5d | 14 |
| T4e | T7 | T5e | 15 |
| T4f | T9 | T5f | 9 |
| T5a | T3 | T6a | 4 |
| T5b | T4 | T6c | 5 |
| T5c | T6 | T6d | 6 |
| T6a = T4a | | | |
| T6b = T3 | | | |
| F1 | F40 | F3 | 77 |
| F2 | T16, F2, 6, 9, 21, 24, 26 | F1 | 3, 8, 25, 26, 36, 49, 53, 60, 61, 63 |
| F3 | F3 | F2 | 29, 30, 31, 33, 34, 35, 37, 38, 39, 50 |
| F4 | F22 | F4 | 68 |
| F5 | F30 | F5 | 72 |
| F6 | F31 | F6 | 73 |
| F7 | F39 | F7 | 74 |
| F8 | F41 | F8 | 78 |
| F9 | F42 | F9 | 76 |
| F10 | F44 | F10 | 80 |
| F11 | F43 | F11 | 79A |
| F12 | F7 | F12 | 51A |
| F13 | F8 | F13 | 52 |
| F14 | F11, 13 | F14 | 54 |
| F15 | F15 | F15 | 54 |
| F16 | F18 | F16 | 56, 58 |
| F17 | F19 | F17 | 59 |
| F18 | F17 | F18 | 57 |
| F19 | F23 | F19 | 70 |
| F20 | F28 | F20 | 67 |
| F21 | F25 | F21 | 62 |
| F22 | F14 | F22 | 66 |
| F23 | F27 | F23 | 64A |

| Jacoby | Némethy | Vallauri | Winiarczyk |
|---|---|---|---|
| F24 | F29 | F24 | 69A |
| F25 | F32 | F25 | 75A |
| F26 | F47 | F26 | 83 |
| F27 | F12 | F dubia 1 | 24 |
| F28 | F45 | F dubia 2 | 81 |
| F29 | – | F dubia 3 | 84 |
| F30 | F5 | F dubia 4 | 32B |
| F31 (p.20*) | p.102 | – | 71 |

| Vallauri | Némethy | Jacoby | Winiarczyk |
|---|---|---|---|
| T1a | T1 | T4a | 1A |
| T1b | p.7 | – | 2 |
| T2a | T16 | F2 | 25 |
| T2b | F2 | T1 | 3 |
| T3a | comm. ad T13 | T2a | 1C |
| T3b | F40 | T2b | 77 |
| T4 | F23 | T3 = T6b | 65 |
| T5a | T8 | T4a | 16 |
| T5b | T10 | T4b | 23 |
| T5c | F1 | T4c | 27 |
| T5c1 | T11 | – | 18 |
| T5c2 | T21 | – | 17A |
| T5c3 | T22 | – | 17B |
| T5d | T2 | T4d = T6a | 14 |
| T5e | T7 | T4e | 15 |
| T5f | T9 | T4f | 9 |
| T5g | T12 | cf. T4f | 22A |
| T5h | T13 | cf. T4f | 20 |
| T5i | T14 | cf. T4f | 21 |
| T5l | T19, 20 | cf. T4f | 19 |
| T5m | T15 | cf. T4f | 28 |
| T5n1 | T17 | cf. T4f | 11 |
| T5n2 | F20 | cf. T4f | 12 |
| T5n3 | T18 | cf. T4f | 13 |
| T6a | T3 | T5a | 4 |
| T6b | T5 | cf. T5c | 7A |
| T6c | T4 | T5b | 5 |
| T6d | T6 | T5c | 6 |
| F1 | T16, F2, 6, 9, 21, 24, 26 | F2 | 3, 8, 25, 26, 36, 49, 53, 60, 61, 63 |
| F2 | F3 | F3 | 29, 30, 31, 33, 34, 35, 37, 38, 39, 50 |
| F3 | F40 | F1 | 77 |
| F4 | F22 | F4 | 68 |
| F5 | F30 | F5 | 72 |
| F6 | F31 | F6 | 73 |
| F7 | F39 | F7 | 74 |

# NVMERORVM COMPARATIO

| Vallauri | Némethy | Jacoby | Winiarczyk |
|----------|---------|--------|------------|
| F8 | F41 | F8 | 78 |
| F9 | F42 | F9 | 76 |
| F10 | F44 | F10 | 80 |
| F11 | F43 | F11 | 79A |
| F12 | F7 | F12 | 51A |
| F13 | F8 | F13 | 52 |
| F14 | F11, 13 | F14 | 54 |
| F15 | F15 | F15 | 54 |
| F16 | F18 | F16 | 56, 58 |
| F17 | F19 | F17 | 59 |
| F18 | F17 | F18 | 57 |
| F19 | F23 | F19 | 70 |
| F20 | F28 | F20 | 67 |
| F21 | F25 | F21 | 62 |
| F22 | F14 | F22 | 66 |
| F23 | F27 | F23 | 64A |
| F24 | F29 | F24 | 69A |
| F25 | F32 | F25 | 75A |
| F26 | F47 | F26 | 83 |
| F dubia 1 | F12 | F27 | 24 |
| F dubia 2 | F45 | F28 | 81 |
| F dubia 3 | – | F29 | 84 |
| F dubia 4 | F5 | F30 | 32B |

# ADDENDA

**T 25** app. I (d) adde: Hor. IV 8, 22 sqq. (Romulus, Hercules, Liber, Tyndaridae); cf. III 3, 9 sqq., Curt. Ruf. VIII 5, 8 (Hercules, Liber, Pollux, Castor), Porph. Ad Marc. 7 p. 278 Nauck (Hercules, Castor, Pollux, Asclepius), Eus. Praep. ev. V 3, 2 (Hercules, Castor, Pollux, Dionysus). vide A. La Penna, Brevi considerazioni sulla divinizzazione degli eroi e sul canone degli eroi divinizzati, in: Res sacrae. Hommages à H. Le Bonniec, publiés par D. Porte et J.-P. Néraudau, Bruxelles 1988, 275–287

**T 27** app. I v. 1–2: M. Davies, Sisyphus and the Invention of Religion ('Critias' TrGF 1 [43] F 19 = B 25 DK), BICS 36, 1989, 24–28 ('Authorship')

**T 30** app. I v. 6–19: D. Martinetz – K. Lohs – J. Jantzen, Weihrauch und Myrrhe. Kulturgeschichte und wirtschaftliche Bedeutung, Stuttgart 1989

**T 35** app. I v. 4–5: R. Mehrlein, Dreiheit, RAC IV (1959) 269–310, M. Lüthi, Drei, Dreizahl, Enzyklopädie des Märchens III (1981) 851–868, W. Philipp, Trinität ist unser Sein. Prolegomena der vergleichenden Religionsgeschichte, Hildesheim 1983, C. F. Endres – A. Schimmel, Das Mysterium der Zahl. Zahlensymbolik im Kulturvergleich, Köln 1984, 72–100 et 310–312 (bibliographia)

**T 36** app. I v. 4: stelae a regibus relictae: adde Herod. IV 87. 91; stelae in templis obviae: adde Herod. II 44

**T 38** app. I v. 9: S. Guettel Cole, The Uses of Water in Greek Sanctuaries, in: Early Greek Cult Practice. Proceedings of the Fifth International Symposium at the Swedish Institute at Athens, ed. by R. Hägg, N. Marinatos, G. Nordquist, Stockholm 1988, 161–165

**T 66** app. I (d) post Bergman adde: M. J. O'Brien, Xenophanes, Aeschylus, and the Doctrine of Primeval Brutishness, CQ 35, 1985, 273–275

**T 67** app. I v. 3–5 adde: Pl. Phaedr. 274 D-E (Teuth-Thamus)

# BIBLIOTHECA TEUBNERIANA

Griechisch

**Cleomedes.** Caelestia
Herausgegeben von R. B. Todd, Vancouver
XXXI, 118 Seiten. Leinen 56,– DM
ISBN 3-322-00745-6

**Euripides.** Hecuba
Herausgegeben von S. G. Daitz, New York
2. Auflage. XXXVI, 102 Seiten. Leinen 25,50 DM
ISBN 3-322-00742-1

**C. Musonius Rufus.** Reliquiae
Herausgegeben von O. Hense
Reprint der 1. Auflage von 1905
XXXVIII, 148 Seiten. Leinen 32,– DM
ISBN 3-322-00747-2

**Pausanias.** Graeciae descriptio
Herausgegeben von M. H. Rocha-Pereira, Coimbra
Vol. I. Libri I–IV
2. Auflage. XXVI, 358 Seiten. Leinen 59,– DM
ISBN 3-322-00508-9

Vol. II. Libri V–VIII
2. Auflage. V, 338 Seiten. Leinen 56,– DM
ISBN 3-322-00213-6

Vol. III. Libri IX–X. Indices
2. Auflage. V, 329 Seiten. Leinen 68,– DM
ISBN 3-322-00509-7

**(Plutarchus).** De Homero
Herausgegeben von J. F. Kindstrand, Uppsala
LXXII, 168 Seiten. Leinen 74,– DM
ISBN 3-322-00744-8

BIBLIOTHECA TEUBNERIANA

Lateinisch

**Frontinus.** Strategemata
Herausgegeben von R. I. Ireland, London
XXXIV, 129 Seiten mit 1 Abbildung. Leinen 59,– DM
ISBN 3-322-00746-4


**P. Ovidius Naso.** Ex Ponto libri quattuor
Herausgegeben von J. A. Richmond, Dublin
XXXVIII, 128 Seiten. Leinen 34,– DM
ISBN 3-322-00669-7


**Seneca.** Apocolocynthosis
Herausgegeben von R. Roncali, Bari
XXXIV, 60 Seiten. Leinen 27,– DM
ISBN 3-322-00670-0


**Seneca rhetor.** Oratorum et rhetorum sententiae, divisiones, colores
Herausgegeben von L. Håkanson †
XXIII, 384 Seiten. Leinen 78,– DM
ISBN 3-322-00668-9

B. G. TEUBNER VERLAGSGESELLSCHAFT mbH
STUTTGART · LEIPZIG